从森林碳汇到可持续聚落
——生态景观的艺术蜕变

张　剑　著

江苏凤凰科学技术出版社

图书在版编目（CIP）数据

从森林碳汇到可持续聚落：生态景观的艺术蜕变 / 张剑著. -- 南京：江苏凤凰科学技术出版社，2017.8
ISBN 978-7-5537-8401-4

Ⅰ. ①从… Ⅱ. ①张… Ⅲ. ①森林－二氧化碳－资源管理－研究 Ⅳ. ①S718.5

中国版本图书馆CIP数据核字(2017)第132712号

从森林碳汇到可持续聚落——生态景观的艺术蜕变

著　　者　张　剑
项目策划　凤凰空间／杨　琦
责任编辑　刘屹立　赵　研
特约编辑　杨　琦

出版发行　江苏凤凰科学技术出版社
出版社地址　南京市湖南路1号A楼　邮编：210009
出版社网址　http://www.pspress.cn
总 经 销　天津凤凰空间文化传媒有限公司
总经销网址　http：//www.ifengspace.cn
印　　刷　北京建宏印刷有限公司

开　　本　710mm×1000mm　1/16
印　　张　12.5
字　　数　198 000
版　　次　2017年7月第1版
印　　次　2023年3月第2次印刷

标准书号　ISBN 978-7-5537-8401-4
定　　价　49.00元

本书得到以下基金项目资助：

中国博士后科学基金面上项目 “中国传统聚落低碳型景观的传承与创新模式研究”（项目编号：2013M531579）；

山东省自然科学基金青年基金项目“中国城乡聚落景观可持续性规划的本土化途径研究——以胶东地区为例”（项目编号：ZR2014EEQ026）；

山东大学（威海）青年学者未来计划项目“新常态背景下城乡聚落景观的可持续规划研究” （项目编号：2015WHWLJH10）；

山东省本科高校教学改革研究面上项目“综合性大学环境设计专业实践教学运行模式研究” （项目编号：2015M001）；

山东大学（威海）教学研究与教学改革项目“设计类专业CO-OP教学体制构建”（项目编号：B201614） 。

目录

1

森林
——天然碳汇，生命之源

森林在全球可持续发展中的重要性及其战略地位已成为国际社会关注的焦点之一。森林不仅是陆地生态系统的景观基质和主体，而且是地球的天然绿肺和碳汇。森林资源的保护是实现人与自然和谐发展的基本保障。笔者对可持续聚落景观的关注正是起源于森林碳汇功能的研究。

1.1 森林土壤碳库动态及其稳定性的影响因素[①]

1. 引言

森林生态系统在全球碳循环过程中起着重要作用。土壤碳库是地球表层系统中最大的碳储库，占全球陆地总碳库的 2/3 ～ 3/4，比全球陆地植被和大气的碳库总量还要多（方精云，2000）。但由于土壤无机碳的更新周期在 1000 年尺度上，因此土壤有机碳库在全球变化研究中显得更为重要。而每年进入土壤的碳素贮存和以 CO_2 形式释放的碳量大约占土壤有机碳总量的 4%。可见，土壤碳库的微小变化可以导致大气 CO_2 浓度的较大波动，进而影响温室效应和全球气候变化（方精云，2000；潘根兴等，2002）。研究表明，全球森林土壤有机碳库约 600 Pg（$1Pg=10^{15}g$），占全球土壤有机碳库的 40％左右（Eswaran et al.， 1999）。全面了解土壤有机碳的动态和稳定机制对于估计土壤有机碳的固定潜力，制定相宜的土壤管理措施以提高有机碳固定，充分发挥土壤有机碳的生态功能具有重要的意义。但至今科学家仍未充分了解有机碳稳定机制(Solins et al.， 1996;Six et al.，2002; Krull et al.， 2003; Lützow et al.， 2006)，这与其本身的高度异质性、动态变化、影响因素复杂并依赖于时空尺度有关。

①本节原载于笔者于 2011 年和 2012 年先后提交于 Engineering and Business Management 国际学术会议的论文集，在此基础上进行了整理和补充。

由于生物的分解矿化作用是土壤有机碳损失的最主要的原因，因此有机碳的稳定性也可以被广泛理解为生物稳定性(Baldock et al., 2004)。目前，国内外对土壤有机碳稳定性的研究结果表明，土壤有机碳的稳定机制主要包括：①有机碳的难降解性：由于底物内在分子结构的原因，微生物很难分解；②金属氧化物和黏土矿物与有机碳的相互作用，例如，高价铁铝氧化物和黏土矿物通过配位体置换、高价离子键桥、范德华力和络合作用等会导致有机碳的生物有效性明显下降；③土壤团聚体的物理保护导致生物与有机碳之间形成空间隔离，有机碳与土壤颗粒尤其是黏粒和粉粒形成复合体，使微生物较难接触到有机碳，即在底物和分解者之间建立了物理屏障；④土壤生物自身对有机碳稳定性的贡献(Solins et al., 1996; Christensen, 2001; Krull et al., 2003; Lützow et al., 2006; Rovira and Vallejo, 2007)。但不同生态系统类型、土壤类型、土壤深度、土地利用方式和管理措施下的土壤有机碳稳定性过程与机制复杂，尤其是森林植被类型变化和人为干扰对土壤各有机碳库动态及其稳定性的影响研究甚少。人工林由于树种单一，加上不合理的人为经营措施影响，导致其生态功能退化，这已经成为全球亟待解决的问题。因此，研究人工林取代天然林以及人工林经营过程中土壤有机碳的动态及其稳定性的变化具有重要意义。

20 世纪 50 年代以来，随着木材需求量的急剧增加，天然林被大面积采伐，人工林面积逐年增加。杉木[*Cunninghamia lanceolata* (Lamb.) Hook.]是我国亚热带特有的速生用材树种，分布于南方 16 个省区，面积超过 7×10^6 hm^2，约占人工林面积的 24%，在区域经济发展和生态建设过程中占有重要的地位。由于大面积的天然常绿阔叶林被杉木人工林取代并且多代连栽，加之炼山、整地等不合理的经营措施，导致土壤肥力急剧下降、生态环境恶化，土壤有机碳含量也随之不断降低(朱济凡等，1960；冯宗炜等，1982)。但是，土壤有机碳在不同碳库中如何被重新分配，以及如何影响有机碳在土壤中的稳定性未见报道。本研究对杉木人工林土壤有机碳库进行分析，考查不同碳库在不同时间尺度上的变化，包括土壤有机碳随季节更替、林分发育阶段以及连栽林分代际之间的变化；通过土壤活性有机碳的分析评价林地土壤质量的变化；采用密度分组和硫酸水解法考查有机碳在不同组分之间的分配以及土壤有机碳的稳定性。通过对不同有机碳库在不同时间尺度上的动态分析，阐明杉木人工林土壤各有机碳库的稳定性与影响因素，以及杉木人工林土壤固持有机碳的潜力，为杉木人工林退化土壤的生态恢复提供理论依据。

2. 土壤有机碳库在全球变化中的意义

温室效应导致的全球变暖及其对陆地生态系统的影响问题是近年全球地学界、生态学界和环境学界共同关注的科学热点。然而，陆地生态系统对大气CO_2源汇效应的转变取决于土地利用和环境因素的变化。因此，陆地生态系统碳库的分配及其随人类利用和全球进程的变化成为全球碳循环研究的焦点，这也是国际地圈生物圈计划（IGBP）框架内的全球碳计划（GCP）、过去的全球变化研究计划（PAGES）、全球环境变化的人文因素计划（IHDP） 以及全球变化与陆地生态系统（GCTE） 等一系列核心项目研究的重点。

土壤是陆地生态系统的核心，是连接地球表层大气圈、水圈、生物圈以及岩石圈的纽带。而土壤有机碳又是陆地生态系统最大的碳储库（Post et al., 1982）。全球土壤有机碳库达到1500～2000Pg，是大气碳库的3倍，约是陆地生物量的2.5倍（Shimel, 1995; Lai, 1999）。土壤有机碳通过呼吸排放CO_2是决定陆地生态系统碳平衡的主要因子(Eswaran et al., 1999)，是土壤碳库与大气CO_2快速交换的主要形式(Trumbore et al., 1996)。全球土壤在最近历史时期损失的有机碳碳库约50 Pg（潘根兴等，2002）。因此，它的动态及稳定性不仅直接影响着土壤肥力和作物产量，而且对大气中温室气体的含量以及全球气候变化也有重要的影响。提高土壤有机碳的稳定性以及增加其碳汇功能已成为全球土壤学界的研究热点，也是土壤学影响国际社会应对全球变化的重要工作。Schlesinger (1999) 曾组织了一个“土壤碳固定”的政策论坛，旨在推动社会、政府和科学家对土壤碳固定研究的共同关注，美国土壤学会已将这一问题的研究列为近期的主要目标。

3. 土壤有机碳稳定性的概念

土壤有机碳稳定性指土壤有机质在当前条件下抵抗干扰和恢复原有水平的能力（吴庆标等，2005）。土壤有机碳是由许多不同类型物质组成的混合产物，从活性较高的新鲜植物和微生物残体到活性较低的腐殖质，有些更新周期甚至在1000年以上(Stevenson, 1994; Baldock and Nelson, 2000)。因此，许多学者试图将土壤有机碳分成不同的组分，并提出一些反映土壤有机碳稳定性的模型(图1-1)。土壤稳定模型(Soil stability model)将土壤有机碳形态分类为土壤微生物态碳、K_2SO_4浸提态碳、水浸提态碳、土壤总有机碳等(Sparling, 1992; O'Brien et al., 2003)。SOMM模型则把土壤有机碳分为土壤凋落物（L）、未分解有机碎屑（F）、与黏粒结合的有机酸（H）等（Chertv and Komarow, 1997）。Dalal和Chan (2001) 根据这些有机碳库对外界因素的敏感性和分解速度把土壤有机碳分为3个部分，即活性碳库（active C pool）、缓性碳库(slow C pool)和惰性碳库(passive C pool)。Century Model模型也将土壤有机碳分为活性碳库、慢性碳库、惰性碳库等（Paul et al.，1999; Luiz et al.， 2004)。Six等(1998)根据土壤有机碳在土壤结构的分布和功能，将其分为不同的碳库: 游离态颗粒有机碳(Free particulate organic carbon)，闭蓄态颗粒有机碳(Occluded particulate organic carbon)，矿物结合态有机碳(Mineral associated organic carbon)和可溶性有机碳(Dissolved organic carbon)。游离态颗粒有机物填充在团聚体之间大孔隙中，主要是颗粒较大的没有分解或半分解的动植物残体；闭蓄态颗粒有机物为分布在团聚体内部的动植物残体中；矿物结合态有机物是指有机物的最终分解产物，与土壤黏粒和粉粒结合在一起；可溶性有机物是存在于土壤不同大孔隙中，可以从土壤水溶液中分离出来的一系列颗粒小于 0.45 μm 有机分子组成的混合物。后来，他们又提出的土壤碳饱和模型（C-saturation model）则分为：与黏粒粉粒结合的土壤有机酸、土壤微团聚体态土壤有机碳、物理化学保护态土壤有机碳（非亲水性土壤有机碳）、不受保护态土壤有机碳等（Six et al.， 2002）。这些模型都是根据土壤有机碳在土壤中的稳定性划分为不同的组分。

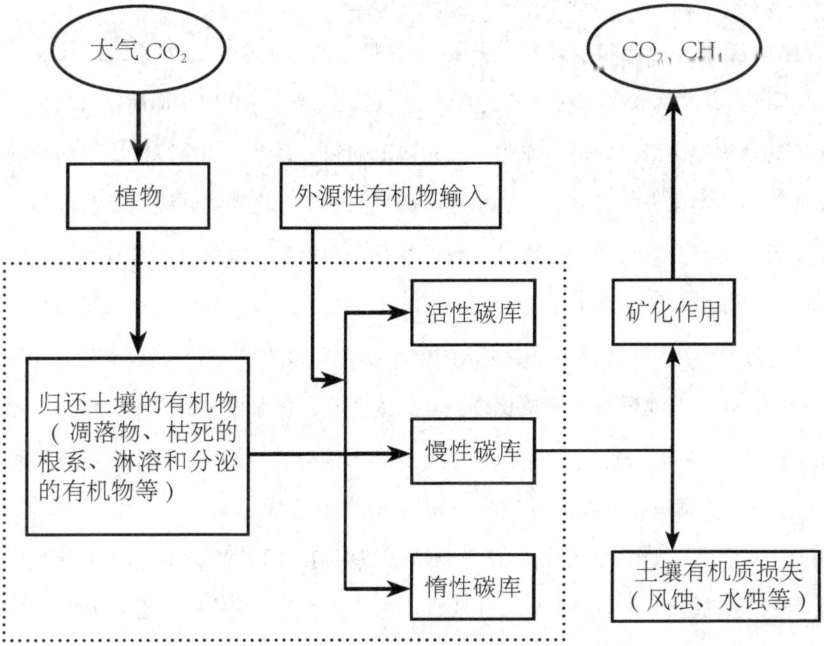

图 1-1 土壤有机碳稳定性概念模型

4. 土壤有机碳稳定机制

传统观点认为有机物分解速率和程度取决于有机物自身的化学组成或难降解性（Krull et al.， 2003），但最近被许多研究者置疑（Kiem and Kögel-Knabner， 2003; Lützow et al.，

2006）。当前公认的有机碳稳定机制包括：①有机碳自身的难降解性：由于底物内在分子结构的原因，微生物很难分解；②金属氧化物和黏土矿物与有机碳的相互作用，指配位体置换、范德华力弱交互作用、高价阳离子络合等导致的有机碳的生物有效性下降；③土壤团聚体的物理保护导致的生物与有机碳的空间隔离，有机碳与土壤颗粒尤其是与黏粒和粉粒形成复合体，使微生物较难接触到有机碳， 即底物和分解者之间建立物理屏障；④土壤生物自身对有机碳稳定性的贡献（Solins et al.， 1996; Christensen, 2001; Krull et al.， 2003; Lützow et al.， 2006; 刘满强等，2007ab; Rovira and Vallejo, 2007）。

1）有机碳自身的难降解性

有机碳的难降解性也被称为有机碳的生化质量（Rovira and Vallejo, 2007），由进入土壤的植物残体本身的化学组成、分解程度及分解者生物群落等多种因素所决定（Solins et al.， 1996; Krull et al.， 2003; Lützow et al.， 2006）。土壤中的有机物大体上可分为降解速度快、降解速度中等和降解速度慢三个部分，他们分别对应于溶解性有机物、纤维素和半纤维素、木质素类物质（Hadas et al.， 2004）。

绿色植物光合作用后的残落物和根系淀积物是土壤稳定性有机碳的根本来源（Kögel-Knabner, 2002; Lützow et al.， 2006），土壤有机碳的稳定性还取决于土壤生物代谢后分解产物的难降解性及土壤生物对植物群落影响的反馈作用。植物残落物和根系淀积物是降解性不同的混合物，如多糖、木质素和酚类化合物等，它们的相对组成影响土壤有机碳的分解速率和程度。有机物进入土壤后，首先是易分解物质（主要是溶解性物质，如糖类、蛋白质、有机酸等）的快速分解过程，有机物的颗粒减小，碳氮比也下降（Krull et al.， 2003），导致较难降解的复杂化学结构物质（如具有芳香环结构的木质素和烷基结构的碳）富集。另外，某些活性有机物（如纤维素、多肽、蛋白质）可以与难降解的有机化合物（如木质素、多酚等）形成复合结构，导致微生物很难利用（Baldock and Nelson, 2000）。微生物和土壤动物的代谢产物也是难降解有机碳的重要组成，一般来说，真菌和放线菌的合成产物比细菌的难降解（Lützow et al.， 2006; Six et al.， 2006）。某些微生物特别是放线菌，还能形成类似腐殖质的多聚物，而微生物的某些胞外酶（如过氧化物酶、酚氧化酶）可以将酚氧化成醌，与其他物质反应生成芳香多聚物。

2）分子交互作用

土壤金属氧化物（以铁铝氧化物为代表），黏粒含量及其表面性质（比表面积和表面电荷）、黏土矿物组成会强烈影响土壤有机碳的稳定性，尤其是高价铁铝氧化物和黏土矿物通过配位体置换、高价离子键桥、范德华力和络合作用等会导致有机碳的生物有效性明显下降，从而提高土壤有机碳的稳定性（Lützow et al.，2006）。

由于土壤细粉粒和黏粒中的有机碳比其他组分中有机碳的年龄更老，而且周转时间更长，因此，通常认为土壤有机碳的积累和稳定性很大程度上取决于矿物表面的吸附作用（Anderson and Paul，1984；Balesdent，1996；Kaiser and Guggenberger，2000；Quideau et al.，2001；Eusterhues et al.，2003；Ludwig et al.，2003）。Kalbitz等(2005)的研究表明，由于Bw层对溶解性有机碳的吸附作用，使得有机碳矿化量减少为土壤溶液的 20%～30%。特别是黏土矿物具有较强的表面吸附能力，更易吸附降解性较差的疏水性有机碳（Kaiser and Guggenberger，2000），而且黏土矿物通常占黏粒的绝大部分。因此，黏粒含量与土壤有机碳含量表现出正相关关系（Hassink，1997；Six et al.，2002；Krull et al.，2003）。Hassink（1997）根据土壤粉砂粒、黏粒与有机碳的密切关系，将土壤碳的最终保护能力归因于土壤黏粒的含量。但也有研究表明，黏粒含量与有机碳之间没有必然联系（Percival et al.，2000）。此外，许多学者提出了碳饱和容量的概念，认为土壤矿物颗粒保护有机碳的容量是有限的，这意味着土壤保存新加入有机碳的潜力受到与有机碳作用的活性位点饱和程度的限制（Mayer，1994；Hassink，1997；Mayer and Xing，2001；Six et al.，2002；Wiseman and Püttmann，2005）。因此，底层土壤由于结合有机碳的饱和程度较低，在保护有机碳方面具有巨大的潜力（Eusterhues et al.，2005；Kleber et al.，2005；Mikutta et al.，2006）。

不同晶层结构的黏土矿物在表面可变电荷和比表面积上的差异会对有机碳稳定性产生不同的影响（Bayer et al.，2002）。Saggar等（1996）将标记的黑麦草放入4种不同质地或矿物类型的土壤中，发现在蒙脱石含量高的土壤内碳的滞留时间较长，并将其归因于不同矿物类型比表面积和吸附能力的差异。Six 等（2002）发现 1 ∶ 1 型矿物稳定有机碳的能力明显低于 2 ∶ 1 型矿物。此外，Wattel-Koekkoek 等（2001）发现不同类型黏土矿物保护的有机质组成截然不同，以高岭石为主的土壤保护的有机质中多糖含量较高，而以蒙脱石为主的土壤保护的有机质中含有更多的芳香族化合物。因此，不同矿物类型黏粒稳定有机碳的机制存在差异。

Ca^{2+}、Al^{3+}、Fe^{3+} 以及重金属离子在稳定土壤有机碳方面具有较大的潜力（Baldock and Skjemstad，2000；Lützow et al.，2006）。Wiseman和Püttmann（2005）分析了德国中部的6种土壤后认为，铁铝氧化物决定了该地区土壤有机碳的稳定性。许多研究表明，在火山灰土、氧化土或酸性土壤中，非晶形铁铝氧化物与有机碳之间的相互作用可能是最主要的有机碳稳定机制（Kaiser and Guggenberger，2000；Eusterhues et al.，2005；Kleber et al.，2005；Wiseman and Püttmann，2005；Mikutta et al.，2006）。Kleber等（2005）通过调查酸性土壤底土层，发现草酸提取的非晶形铁铝氧化物通过配位体置换决定了土壤有机碳的稳定性。室内培养实验同样表明铝-

有机质形成了生物稳定复合体（Schwesig et al.， 2003）。另外，溶解性有机碳与Ca^{2+}、Fe^{3+}等金属离子形成沉淀也是土壤有机碳稳定的主要机制之一（王刚等，2004），而且发生这种作用的多是较为稳定的大分子有机碳，而小分子部分仍然滞留在土壤溶液中（Römkens and Dolfing, 1998; Blaser et al.， 1999; Nierop et al.， 2002; Schwesig et al.， 2003）。但目前，对金属离子与土壤溶解性有机碳的相互作用导致的稳定性还缺乏细致的研究。

3）土壤团聚体的物理保护机制

土壤微生物、胞外酶与有机碳的空间不可接近性被认为是有机碳稳定性的最主要机制。因此，长期以来土壤团聚体被作为土壤结构稳定性的替代指标（刘满强等，2007ab）。

团聚体形成后内部孔隙降低，有机碳与矿物颗粒的接触更紧密。一般认为，有机碳被团聚体包裹后或者以颗粒形式存在于孔隙中，或者直接与组成微团聚体的矿物颗粒密切联系（Feller and Beare, 1997），所以可以用“隔离”和“吸附”过程描述不同级别（或尺度）上团聚体对有机碳的保护。较大的团聚体（如＞ 250 μm）中有机碳的分解需要足够的空气和水，孔隙度的减少直接阻碍分解进程；而微团聚体内（如 20 ～ 250 μm）的孔隙如小于细菌所能通过的限度（3 μm）时，有机碳的降解只能依靠胞外酶向基质扩散，对生物来说这是极大的耗能过程，有机碳的分解因而降低；在黏砂粒或微团聚体级别（如＜ 20 μm），有机碳与金属氧化物和黏土矿物的相互作用将占主导。

根据团聚体-有机碳相互作用“层次性概念”（Aggregate hierarchy concept）模型，土壤团聚体由微团聚体向大团聚体逐级连续层次性形成，微团聚体比大团聚体稳定，微团聚体的形成是大团聚体形成的前提条件，而各类有机碳是最重要的胶结物质（Tisdall and Oades, 1982）。这一理论被以后的研究所支持：Puget 等（2000）发现小团聚体中的有机碳比大团聚体中的有机碳老化；Jastrow 等（1996）利用 ^{13}C 示踪法进一步证实微团聚体中有机碳比大团聚体中的有机碳形成时间早，大团聚体比微团聚体含更多的有机碳。Magid 等（1999）在研究 ^{14}C 标记的植物物质分解产物的土壤归宿时，将土壤有机碳库中的有机碳按粒径和比重分成不同组分，推断细的（黏粒级）轻腐殖物质是微生物碳的归宿，而土壤可溶性碳主要是标记物 ^{14}C。培养试验中损失的碳主要是活性的标记碳，粗粒轻组碳损失最大。此外，在退化土壤恢复中新固定的有机碳主要分布于大于 250 μm 的团聚体中（李恋卿等，2000；张旭辉等，2001）。由于有机碳是高度异质性的混合物，因此，这一模型不能很好地用来解释有机碳物理保护机制。

Oades（1984）对该模型作了一个重要的改进，即根系和菌丝可以直接促进大团聚体的形成，微团聚体可以在大团聚体内形成。后来 Golchin 等（1994a）更进一步强调：大团聚体包裹的颗粒有机物（POM）为微团聚体的形成创造了条件，而微团聚体包裹的颗粒有机物受到了更强的物理保护，对有机碳稳定性具有重要意义。还提出了重液和筛分相结合的将颗粒有机物与团聚体进行区别的方法，为研究有机碳的物理保护机制提供了有效的科学途径。Six 等（2000）发展了以“大团聚体周转”为核心的概念模型，即新鲜有机物促进大团聚体形成，而大团聚体内的颗粒有机物有助于微团聚体的形成，伴随颗粒有机物的分解及其他干扰过程，大团聚体破碎后将微团聚体释放出来，并通过系列研究证实了大团聚体比微团聚体周转快，因此微团聚体对有机碳物理保护具有重要意义（Six et al.，2004；de Gryze et al.，2006）。

4）土壤有机碳稳定的生物学机制

光合产物是土壤有机碳的来源。各种生产者、消费者和分解者及其与环境之间的相互作用产生了从简单到复杂、高度异质的有机碳库。生物对有机碳的直接贡献可以分为：①通过再生或修复自身生物体，表现为周转加快，耗竭活性有机碳及难降解性有机碳的积累；②形成稳定的、排斥性的或抗生素类物质，表现为生物生长变慢甚至死亡，产生难降解物质（Ekschmitt et al.，2005）。土壤稳定性有机碳中很大比例直接来源于微生物和土壤无脊椎动物，有证据表明微生物的再合成在稳定有机碳形成中有重要作用（Kögel-Knabner，2002；Lützow et al.，2006；Six et al.，2006）。微生物产物如胞壁质、几丁质、脂类、主要来源于真菌的黑色素类物质及土壤动物的几丁质表皮等都属于难降解有机碳化合物。另一方面，土壤动物表观上促进了有机碳的分解，但由于大部分土壤动物不能够分解利用复杂的有机碳化合物，如木质素和单宁－蛋白质复合体，因此，土壤动物的选择取食实际上有助于难降解有机碳的积累（Ekschmitt，et al.，2005）。

不同土壤生物群落对土壤稳定性有机碳的贡献不同，如细菌和真菌能够分解、利用及合成结构不同的有机碳（Six et al.，2006）。此外，土壤生物也能够提高土壤有机碳的活性。除了某些土壤微生物和动物直接分泌黏多糖外，大多数土壤生物都具有很短的周转期，生物量通常被认为是活性有机碳组分。更为重要的是，土壤微生物分泌的胞外酶在稳定性有机碳向活性有机碳的转化中有重要作用（Bucher，et al.，2004）。

5. 土壤有机碳动态及稳定性研究方法

土壤碳库是由活性库（周转期在 0.1～4.5 年）、慢性库（周转期在 5～50 年）和惰性库（周转期在 50～3000 年）或者保护性库与非保护性库等异质有机多组分矿质复合体组成（Parton et al.，1987；Golchin et al.，1994a）。20 世纪 60 年代之前，对土壤有机质的研究主要集中在对腐殖质元素组成、功能团结构和性质等方面，主要是用化学分析方法从腐殖质的结合形态——钙结合态腐殖质、铁铝结合态腐殖质和紧结合态腐殖质，或者从腐殖质的组成分离出胡敏酸、富啡酸和胡敏素，这对认识土壤有机质化学结构起到很大作用，但这些方法对土壤有机质原状结构有破坏性，所以分离的有机碳组分不能解释土壤有机碳库的稳定性（彭新华等，2004；武天云等，2004）。随着土壤有机碳研究领域的迅速发展，一些新的评价土壤有机碳稳定性的方法被广泛使用。

1）密度分组

自20世纪60年代起，对土壤有机质研究的主流转向了物理分组，对土壤有机质的比重分组技术最早出现于20世纪80年代（Turchenek and Oades, 1979）。Greenland 和 Ford（1964）则采用溴仿和石油精混合物（d = 2.0g · cm^{-3}）作为悬浮液，并采用超声振荡方法分离有机质与土壤颗粒。后来一些学者试图通过选择适当的悬浮溶液以及相配合的搅拌或振荡方法以完善这一比重分离方法。Golchin 等（1994a）则采用多聚钨酸钠 [Na_6（$H_2W_{12}O_{40}$）•H_{20}]（d = 1.6g · cm^{-3}）溶液，对土壤有机质进行密度分组，因为这种溶液相对来说对土壤有机质不产生任何反应，而且溶液本身不含碳，不影响后续的分析。目前，多采用碘化钠和多聚钨酸钠做为重液进行密度分组。依物理保护程度不同，将有机碳分成三类：没有保护的（没经过超声波提取的自由轻组）、闭合的（经超声波后提取的轻组）和保护的（经超声波后保留的重组）（Golchin et al., 1994a; Roscoe et al., 2001）。Golchin等（1994b）进一步的研究表明，闭锁态土壤有机质处于不同的分解阶段，并且与土壤矿质颗粒有着不同程度的关联，这种相互关联的程度表明了土壤颗粒的稳定性，可见闭锁态有机质对土壤结构稳定性的重要性。Skjemstad 等（1986）通过密度分组分析发现，耕作35年后，＜1.6g•cm^{-3}、1.6～2.0g•cm^{-3}、2.0～2.4 g•cm^{-3} 的组分中轻组有机质分别减少了95%、94% 和 52%，而＞2.4 g•cm^{-3} 的组分中有机碳的含量基本保持不变。Golchin 等（1995）研究了耕作对有机质组成和土壤结构稳定性的影响，发现耕作土壤与非耕作土壤其有机质化学组成的差异主要存在于闭锁在团聚体内部的有机质当中，而与黏粒相联的有机质化学变化很小。

2）土壤有机碳矿化

在土壤有机碳组分中，易变成CO_2的部分被认为是土壤微生物的有效碳（Available carbon）或易被生物活化（Mobilization）部分，也是土壤微生物有效能源和有机碳组分中不稳定部分（Robertson etal., 1999）。土壤碳矿化释放的CO_2是土壤活跃碳库（Active carbon pool）和慢性碳库（Slow carbon pool）被微生物分解的产物，也是微生物代谢过程中作为能源基质的有机碳被利用后转化的产物(Davidson et al., 1987; Robertson et al., 1999)。许多文献中把土壤有机碳中能够被转化为CO_2的部分称为土壤潜在矿化碳（Potentially mineralizable carbon），把土壤有机碳经分解释放的CO_2称为矿化碳（Mineralized carbon)(Feller and Beare, 1997; Robertson et al., 1999; Collins et al., 2000; Reichstein et al., 2000; Khanna et al., 2001;Paul et al., 2001）。Paul 等（1998）根据土壤有机碳多组分一级动力学方法确定活性和慢性碳库的长期培养方法，Bernoux 等（1998）应用双指数统计模型确定土壤有机碳稳定性和非稳定性库的大小。这些方法可以用来确定环境变化和管理对土壤有机碳分解速率的影响程度，也可以用来反映土壤有机碳的稳定性。通过把不同土壤在相同的控制条件下培养，可以从一定时间下排放的CO_2数量来确定有机碳稳定性、碳库划分和周转期（Robertson et al., 1999）。邵月红等（2005, 2006a）采用三库一级动力学方程分析了不同森林植被、同一植被不同林龄的杉木人工林下以及农田不同类型土壤下有机碳的分解特征及土壤有机碳中的活性碳库、缓效性碳库和惰效性碳库的大小和周转时间。诸葛玉平等（2005）对吉林公主岭地区长期施肥的 12 个处理的黑土进行室内好气培养（196 d），采用一级动力学方程模拟土壤的呼吸过程，结果表明，施肥可以提高土壤中潜在矿化分解的有机碳含量，加强土壤呼吸的强度，增加土壤呼吸释放的CO_2-C 的累积量；施用有机肥还可以增大土壤有机碳的矿化速率常数，加快土壤呼吸的进程。

3）酸水解

Stout 等（1981）提出用简单的酸水解法来定量评价土壤有机碳的生化质量，在生态学领域得到广泛的应用。目前，普遍采用的是 HCl 水解法（Leavitt et al., 1997）和H_2SO_4水解法（Rovira and Vallejo, 2002, 2003 and 2007; 王刚等,2004)。前者将土壤样品用6 $mol \cdot L^{-1}$ HCl 在 105℃下水解 16 ~ 18 h。后者则采用两步水解法：先加入 2.5 $mol \cdot L^{-1}$ H_2SO_4在 105℃下培养30 min,离心漂洗后得到的水解液即为活性库Ⅰ（Labile Pool Ⅰ, LP Ⅰ）；没水解的剩余物60℃烘干，加 13 $mol \cdot L^{-1}$ H_2SO_4，振荡过夜，加水稀释到 1 $mol \cdot L^{-1}$，在 105℃下培养3 h，离心漂洗后得到的水解液即为活性库Ⅱ(Labile Pool Ⅱ, LP Ⅱ)。将没水解的有机碳视为顽固性有机碳，用顽固性指数（RI_C）作为有机质质量高低的指标。这个值越低表明有机碳的生化质量越高，越容易被微生物分解利用。Rovira 和 Vallejo（2002）通过H_2SO_4水解法发现，土壤有机质的质量随着分解进程的进行而降低。通常认为，深层土壤有机质年代较早，因此，其生化质量应该较低(Guillet, 1979)，但是，当采用酸水解法对不同深度的土壤有机碳的生化质量进行研究时，却得出了相反的结论（Goh et al.,1984; Joergensen and Meyer, 1990; Tan et al., 2004; Rovira and Vallejo, 2007)。王刚等(2004)采用密度分组结合酸水解方法研究了子午岭森林土壤有机碳的稳定性，结果表明，轻组碳和重组碳的顽固性是相似的，甚至在土壤表层以下，轻组碳的顽固性比重组碳的顽固性高，说明轻组并非像经常定义的那样是最新鲜或很少被分解的组分，并且在表层 10 cm 以下，受物理保护的有机质，其有机质质量也相对较高。但目前，这一方法多用于研究同一土地利用方式下不同土壤深度和不同有机碳组分的稳定性，而较少用于土地利用方式或管理措施对土壤有机碳的影响。

4）^{14}C 测年技术

土壤有机碳的多种有机化合物组分具有不同的年龄和周转时间，正确地评价土壤有机碳的动态变化，辨别不同土壤有机碳组分的功能是必要的，这可以通过土壤有机质大小和土壤密度的同位素识别来实现（Christensen，1992）。化学识别方法在区分易变的和难分解的土壤有机碳库时总是不能令人满意，而利用团聚体、颗粒大小和土壤密度的物理识别方法，会导致土壤有机碳组分发生分解作用，^{14}C 测年是直接检查物理 - 化学识别方法结果是否符合土壤有机碳库实际的一个代表，但目前对土壤有机碳组分的 ^{14}C 测年研究仍然较少（Wang and Hsieh，2002）。Jenkinson 和 Rayner（1977）采用放射性碳年龄法，按照有机质的分解难易程度，将有机质分为五个子库。还有一些研究表明，低密度的土壤有机碳组分比高密度组分具有更短的 ^{14}C 年龄或周转时间（Trumbore et al.，1995；Trumbore，2000）。对北方森林、温带森林和热带森林 3 个排水良好的站点土壤有机质年龄的研究发现：$\delta^{14}C$ 值 > 100‰指示土壤有机碳以 1 ～ 35 年前固定的碳为主；$\delta^{14}C$ 值 < 0 指示土壤有机碳平均的存储时间长达可以发生放射性衰变的时间尺度（> 300 年）；$\delta^{14}C$ 值在 0 ～ 100‰之间代表着碳周转时间在数十年到数百年时间尺度之间，或是更加快的（> 100‰）和更加缓慢的（< 0）循环物质的混合（Trumbore，2000）。因此，通过 ^{14}C 的分析可以较为准确和快速地识别土壤有机碳的组分，进而正确评价土壤有机碳的稳定性。尽管 ^{14}C 加速器质谱（^{14}C-AMS）测年技术具有测量精度高、速度快以及样品需求量少等优点，但也存在样品处理过程中易被污染以及成本高等问题。

5）$KMnO_4$ 氧化法

Logninow 等（1987）提出 $KMnO_4$ 氧化法，根据有机质被三种不同浓度的 $KMnO_4$（33m mol·L^{-1}，167 m mol·L^{-1}，333 m mol·L^{-1}）氧化的数量，将易氧化有机质分成高活性有机质、中活性有机质、活性有机质 3 个程度不同的级别。Lefroy 和 Lisle（1997）研究发现，被 333 m mol·L^{-1} $KMnO_4$ 氧化的有机质在种植作物时变化最大，将能被 333 m mol·$L^{-1}$$KMnO_4$ 氧化的有机碳称作易氧化有机碳，不能被氧化的称作稳定态有机碳。1995 年，Blair 等（1995）采用 $KMnO_4$ 氧化法测定易氧化有机碳，表明这种组分与土壤有效养分，如 N、P、K、Ca 和 Mg 等微量元素，以及与土壤的物理性状等具有密切的关系，并提出了土壤碳库管理指数（CMI）的概念，计算式为：

$$CMI = CPI \times AI \times 100$$

CPI = 样品全 C/ 对照土壤全 C

AI = 样品 C 库活度 / 对照土壤 C 库活度

$A = C_A / C_{UA}$

$C_T = C_A + C_{UA}$

式中，CPI 为 C 库指数，AI 为 C 库活度指数，A 为 C 库活度，C_T 为有机碳，C_A 为易氧化有机碳，C_{UA} 为稳定态有机碳。许多学者（沈宏等，2000；沈宏和曹志洪，2000；邵月红等，2006b；徐明岗等，2006）采用这一方法研究了施肥对土壤不同碳形态和碳库管理指数的影响，一致认为，与全量有机质相比，由于 C_A 和 CMI 与土壤有效养分、土壤的物理性状以及耕作措施等具有更密切的关系，可以成为土壤质量及土壤管理评价指标。吴建国等（2004）则应用 $KMnO_4$ 氧化法测定分析了宁夏六盘山林区天然次生林和辽东栎林、农田、草地和华北落叶松人工林等不同土地利用下土壤易氧化有机碳含量及分配比例的差异，结果表明，这一方法可以很好评价土地利用方式对土壤有机碳质量的影响。

6）土壤活性有机碳分析法

土壤有机碳总量的变化非常缓慢，很难观测到其短期内的微小变化，在森林土壤中表现得更为明显（Bolinder et al.，1999）。土壤活性有机碳是指土壤中有效性较高、易被土壤微生物分解利用、对植物养分供应有最直接作用的那部分有机质（Janzen et al.，1992; Blair et al.，1995）。它们直接参与土壤生物化学转化过程，在土壤养分循环中具有重要作用，是土壤养分的储存库；并且能够在土壤全碳变化之前反映出土壤管理措施和环境引起的土壤微小变化。因此，可作为土壤质量和潜在生产力的敏感指标（Dalal and Mayer，1987; Wander et al.，1994; Haynes，2005）。土壤活性有机碳可用水溶性有机碳（water soluble organic carbon，WSOC）、微生物量碳（microbial biomass carbon，MBC）、热水浸提有机碳（hot water-extractable C，HWC）以及碳水化合物等来进行表征。

（1）水溶性有机碳

水溶性有机碳（WSOC）是指可以通过 0.45 μm 孔径滤膜的大小和结构不同的有机分子的连续统一体（Moore et al.，1992）。它的溶剂可是水、酸、碱或盐溶液。土壤 WSOC 是由一系列化合物组成的，主要包括脂肪酸、酚酸、游离的氨基酸、糖类、碳水化合物以及一些分子量较大的腐殖酸，例如胡敏酸等（Stevenson，1994）。Vance 和 David（1992）认为，WSOC 主要存在于土壤腐殖质酸性部分，其 35% ～ 47% 存在于胡敏酸中。许多研究表明（Qualls and Haines，1991; Qualls et al.，1991; Jandl and Sollins，1997; Smolander et al.，2001），疏水性酸是 WSOC 的主要成分，以腐殖酸为主，约占WSOC的40%～60%；弱疏水性酸主要是苯酚，占WSOC的10%～20%；亲水性酸主要是小分子有机酸和大量的羧基酸，约占WSOC的20%～30%；此外，还有一些中性亲水性有机物，例如碳水化合物和乙醇等，约占WSOC的3%～20 %（Cook and Allan, 1992; Smolander et al., 2001)。尽管WSOC主要存在于疏水性酸中,但是溶解性有机氮、硫、磷则主要存在于亲水性酸中(Cook and Allan, 1992; Kaiser, 2001; Smolander et al., 2001)。

虽然对土壤WSOC进行了广泛研究，但研究者对WSOC的起源还存在着许多争论。Mc Dowell（1998）认为森林土壤中腐殖质的淋溶（物理过程）及微生物分解（生物化学过程）是WSOC的主要形成途径。Kaiser等（1996）对温带气候区125种森林土壤的WSOM研究发现，在不外加WSOC的情况下从土壤中释放出来的WSOC的数量取决于土壤本身的有机质含量的高低。许多研究表明(Liang et al.,1998; 姜培坤, 2005; Wang et al.,2005; 王清奎等, 2005; Wang and Wang, 2007a;)，WSOC与土壤有机碳之间存在的极显著的正相关关系也支持以上观点。Quallas等（1991）则通过淋溶试验证实，枯落物的淋洗是产生WSOC的主要途径。Park等（2002）和Hongve（1999）也证明枯枝落叶与WSOC的密切关系。一些学者（Delprat et al., 1997; Flessa et al., 2000; Gregorich et al., 2000)采用^{13}C同位素定量研究土壤有机质及土壤可溶性有机质的来源，结果证明，土壤有机质的总碳库主要由老的腐殖质决定，WSOC主要来自土壤腐殖质。当然，近期的枯枝落叶也是WSOM的重要来源。Bergamaschi等（1999）利用trihalomethanes（THM）$\delta^{13}C$同位素强度对不同生态系统中WSOC来源的定量研究表明，WSOC的结构组成与植物残体相似，植物残体淋洗是WSOC产生的重要途径。然而，Hagedorn等（2002）从$\delta^{13}C$的信息中发现，以树干径流、枯落物淋洗以及根瘤沉积等形式输入的新碳源对WSOC的直接贡献很少。

通常认为，土壤WSOC是土壤中比较容易被微生物利用的有机碳。但土壤中WSOC的抗分解能力并不相同，根据其抗分解能力，WSOC分为活性WSOC与稳定性WSOC。溶液中的低分子化合物容易分解，是土壤微生物的有效底物，属活性WSOC；而溶液中大分子化合物如腐殖酸以及吸附态的WSOC难以被分解，属稳定性WSOC。Boyer和Groffman（1996）的研究结果显示，表层土中WSOC的生物活性最高，生物活性WSOC占总WSOC的比例随深度而下降；玉米地土壤中WSOC的生物学有效性高于林地土壤的WSOC；且玉米地土壤中胡敏酸（HA）的生物学有效性高于富啡酸（FA），这一结论否定了人们一直认为HA比FA更稳定的传统观点，而森林土壤的HA和FA的生物有效性则没有差异。因此，WSOC的生物可降解性随土地利用类型的不同而变化(Lundquist et al,1999; Kalbitz et al.,2003),这与进入土壤的凋落物组成和有机质的周转有关。Smolander 等（2002 and 2005）发现，尽管不同树种下腐殖质层中 WSOC 的分子量大小分布和化学成分差异不明显，但土壤中 WSOC 的组成和可降解性却不同。这是因为阔叶树种凋落物叶中易降解的、亲水性、小分子量有机化合物，如糖、氨基酸和脂肪酸等的含量高；而针叶树种凋落叶中疏水性、芳香族化合物含量较高。WSOC 的稳定性还少见报道，Kalbitz 等（2000）通过测定 ^{13}C、^{14}C 同位素发现了土壤溶液中存在着年龄高达 1700 年的富啡酸，这些富啡酸可能原来被吸附于土壤胶体，否则难以在土壤中被如此长久地保存。总之，WSOC 的活性和稳定性是相对的，而且受多种因素控制。

（2）微生物生物量碳

微生物生物量碳（MBC）是指土壤中体积小于 5 ～ 10 μm 活的微生物总量，是土壤有机质中最活跃的和最易变化的部分。MBC 是土壤有机库中的活性部分，受土壤中易降解的有机物数量如微生物生物体(Marumoto, 1984)和残余物分解(Sparling and Ross, 1993)、土壤湿度和温度季节变化以及土壤管理措施(Dalal et al., 1991)的影响。与土壤总有机质相比,MBC 对土地利用变化和土壤管理措施如翻耕、秸秆培养的变化响应快，可用作土壤总有机质变化的早期指标和土壤活性有机碳变化的指标(Carter, 1986; Powlson et al., 1987; Gregorich et al., 1994）。MBC 的大小和活性控制土壤有机质周转的程度（Martens, 1995），是衡量土壤有机质周转的敏感指标，可以了解在一定气候条件下土壤活性有机碳和其他部分积累和周转的信息(Ladd et al., 1994)。有研究表明(Liang et al., 1998),MBC 的含量与 WSOC、碳水化合物、土壤有机碳呈正相关，与长链的脂肪族碳呈负相关；其中，碳水化合物中的 C 与长链脂肪族碳更易被微生物利用。MBC 的周转需要 WSOC 来补充，其补偿机制包括解吸土壤胶体、溶解凋落物、根系分泌物、水解不溶性土壤有机聚合体(McGill et al., 1981)。但 Lundquist 等(1999)认为 MBC 在短时间内会产生变化，不能一直作为活性有机碳的稳定指标。

微生物生物量碳 / 有机碳比值（Cmic/Corg），又称为微生物熵，可以作为反映因土壤管理措施变化导致有机质变化的一个指标，能预测土壤有机质长期变化或监测土地退化及恢复(Hernandez et al., 1997; Kanchikerimath and Singh, 2001; Balota et al.,2003)。退化土壤中，土壤微生物量碳的减少速度要远远快于总有机碳，导致 Cmic/Corg 值的降低。Beck(1984)认为，Cmic/Corg 可以用来指示土壤碳的平衡、积累或消耗。有研究结果显示，土壤 MBC 和 Cmic/Corg 与土壤黏粒、粉粒含量呈正相关、与砂粒含量呈负相关（Lützowa et al., 2002）。Cmic/Corg 的比值为0.27%～7.0%，变化幅度比较大，可能是由于土壤类型、植被覆盖、管理措施和取样时间等差异造成的。

呼吸熵（qCO_2）是土壤呼吸强度与微生物碳的比值。qCO_2将微生物量与微生物的活性和功能有机地联系起来，能够反映土壤微生物对土壤碳的利用效率和土壤生态系统演化过程及其受干扰的程度（Islam and Wei，2000）。qCO_2值越高，表明微生物对土壤有机碳的利用效率越低，通过呼吸损失的有机碳量也就越多（Behera and Sahani，2003）。同时，qCO_2值也是生态系统发展过程中生物能量对策变化的一个有效指标，随着生态系统的稳定，qCO_2值会降低（Insam and Haselwandter，1989）。Huang等（2004）研究表明，二代杉木纯林土壤qCO_2值明显高于杉木火力楠混交林和火力楠纯林土壤；Hernandez等（1997）也证实了在一个较稳定和成熟的生态系统中，qCO_2往往表现出较低的值。

（3）热水浸提有机碳和碳水化合物

热水浸提有机碳（HWC）是将土壤样品在水中煮沸1 h或者在80℃热水中浸提16 h后得到的有机碳,约占总有机碳的1%～8%（Leinweber et al.，1995；Sparling et al.，1998；Chan and Heenan，1999）。HWC是由活性很高的有机质组成，其主要成分是碳水化合物和含氮化合物，特别是氨基氮和胺化物，主要来源于土壤微生物量和根系分泌物，存在于土壤溶液中或被微弱地吸附在土壤矿物和腐殖质大分子上(Ghani et al.，2003；Haynes，2005)。许多研究表明(Liang et al.，1998；Haynes，2000；Ghani et al.，2003；Chodak et al.，2003；Xu and Xu，2003；Chen and Xu，2005；Wang and Wang，2007），在不同生态系统中土壤HWC与MBC、水溶性有机碳、总有机碳等具有极显著的正相关关系。这可能是因为HWC中包含了土壤微生物碳、溶解性有机碳、碳水化合物和其他简单化合物等，这些都是土壤活性有机碳库的主要组成部分(Sparling et al.，1998；Puget et al.，1999；Ghani et al.，2003)。因此,HWC可以作为土壤有机碳质量变化的敏感指标。

土壤热水浸提碳水化合物(hot water-extractable carbohydrate-C，HWcC)是HWC的重要组成部分。Ghani等（2000，2003）指出，土壤热水浸提有机碳中有40%～60%是碳水化合物；Rovira和Vallejo（2007）也发现森林土壤HWC中，碳水化合物占有很大的比例。碳水化合物是土壤团聚体的重要的胶结剂（Haynes and Beare，1996；Degens，1997)。但是,采用酸水解法测得的总碳水化合物与土壤团聚体之间并没有很好的相关性。Haynes和Swift（1990）提出了热水提取碳水化合物的方法，即得到HWcC，这部分碳水化合物占总碳水化合物的6%～13%（Haynes et al.，1991；Haynes and Francis，1993；Puget et al.，1999)。许多研究表明(Haynes and Swift，1990；

Haynes et al., 1991; Haynes and Francis, 1993; Haynes and Beare, 1997)，HWcC 与土壤团聚体的稳定性具有显著的正相关关系，并且能够敏感地反映由于管理措施引起的土壤质量的变化。

6. 影响土壤有机碳稳定性的因素

1）自然因素

（1）环境因素

环境因素从土壤有机质来源、分解与转化过程等几方面影响有机质的稳定性。一方面，温度和水分影响着植被特征，从而也就影响土壤有机质主要来源的植物残体的数量和性质（王艳芬等，1998）。一方面，温度和水分条件在很大程度上决定着微生物的生物量及其活动。另一方面，环境因素制约着微生物对土壤有机碳的分解，温度和水分等因子影响微生物量的活性，进而影响土壤有机碳的分解和转化（Davidson et al., 2000）。

温度是控制有机物质分解的一个重要因素，甚至能改变其分解的动力学（Xiao, 1999）。温度影响土壤中有机质的分解速率和植物残体有机碳进入土壤的速率。一般来说，温度升高，土壤对有机碳的固定就会减小，植物残体的分解速率加快。Piao 等（2000）指出中国南部喀斯特地区 CO_2 释放量的最大值和最小值分别出现在夏季和冬季，CO_2 释放的累积量每年为 0.24 kg · cm^{-3}，表明升高温度促进土壤 CO_2 的释放。但是，随着温度的持续升高和升温时间的延长，升温对有机碳分解的敏感程度逐渐降低（黄耀等，2002；陈全胜等，2004）。这一方面是由于温度升高促进活性碳库向缓性或惰性碳库转移，使土壤活性有机碳含量占土壤有机碳总量的比例迅速下降，而土壤黏粒中保持的有机碳比例则显著增加(Amelung et al., 1998; Rodionov et al., 2000）。另一方面，温度升高，土壤中净矿化速率加快（汪思龙等，2000a），C/N 降低，根系获取氮素相对容易，植物向地下分配光合产物的比例就会相应减小，导致根系分泌物减少，不仅限制了根际微生物呼吸，而且对土壤有机碳分解的激发作用也会有所降低。另外，根系伸长活动受到一定的限制，其对土壤团聚体的机械破坏也相应减少，不利于受物理保护的土壤有机碳的释放（陈全胜等，2004）。Thornley 和 Cannell 等（2001）通过模拟土壤碳的物理化学反应过程，发现在温度升高的情况下，土壤呼吸在短期内虽然有所增加，但从长期看，土壤碳的稳定性有所提高。

土壤湿度通过影响气体扩散和微生物活动，从而影响有机碳的分解。Parshotam 等（2000）用新西兰不同气候条件的 6 种土壤与 ^{14}C 标记的黑麦草在一个微渗漏计中模拟野外条件培养 2 年。结果表明，扣除表面积的影响后，黑麦草 ^{14}C 更新周期与环境温度的关系不显著，反而与雨量和雨日成线性相关，说明土壤湿度是影响野外有机碳分解周转的主要因素。土壤水分含量的高低对土壤孔隙的通透性有很大影响，过高的土壤含水量会限制土壤中 O_2 的扩散（Linn and Doran, 1984; Davidson et al., 1998）,此时土壤处于嫌气状态,植物根系和好氧微生物的活动受到抑制，土壤有机质的分解速率降低，土壤中产生的 CO_2 减少（陈全胜等， 2003）。另外，干湿交替使得土壤团聚体崩溃，团粒内受保护的有机碳被暴露于空气中，土壤呼吸作用强度在极短的时间内被大幅度地提高，使有机碳的矿化分解量增加。同时，干燥也将引起部分土壤微生物的死亡。这都将在一定程度上加速或减缓有机碳的分解速率。陈全胜等（2003）认为，在有干湿交替的生态系统中，在湿润季节，降水事件对土壤呼吸可能会产生比较明显的抑制作用；而在干旱季节里，降水事件可能会强烈地激发土壤呼吸。

土壤活性有机碳的季节变异十分强烈，这主要与温度、水分等气候因素有关。Kawahigashi 等（2003）认为，土壤溶液 WSOC 的季节变化取决于土壤溶液、温度和凋落物凋落时间。王连峰和潘根兴（2002）测得庐山酸沉降影响下森林生态系统土壤水溶性有机碳浓度为 150 ～ 700mg • kg^{-1}，且因植物活动及其生长期以及季节变化而异。Cronan（1985）也发现，夏天表层土壤溶液水溶性有机碳平均浓度比冬季增加 16% ～ 32%，但下层土壤溶液中水溶性有机碳浓度相对较稳定。曹建华等（2005）对岩溶地区土壤溶液活性有机碳的研究则表明，无论是针叶林还是阔叶林，根圈土和非根圈土溶液中活性有机碳平均含量均呈递增顺序：夏季＜春季＜秋季 = 冬季。Zhang 等（2005）报道了，格氏栲和杉木人工林枯枝落叶层不同分解层次 WSOC 浓度的季节变化模式基本相似，均在秋季或冬季出现最大值。刘满强等（2003）报道了退化红壤不同植被恢复模式下土壤 MBC 呈高度的季节变异。Piao 等（2000）在中国西南岩溶地区的研究也发现，土壤 MBC 在冬季最高，夏季最低，但土壤溶解性有机碳与 MBC 表现为负相关关系。Mcdowell（1998）也发现，土壤中活性有机碳浓度随季节而变化，夏秋季最低。Zhou 等（2006）报道了竹林春季土壤 MBC 低于夏季。

全球变暖引起的温度与湿度的变化也会对土壤有机碳产生重要影响。全球变暖导致的永久冻土的融化加速了土壤中有机碳的分解释放。冻融条件下土壤有机碳库的稳定性将依赖于解冻的深度及其持续的时间(Goulden et al., 1998)。一些模型模拟结果表明,全球变暖将会导致土壤中有机碳的损失(Jenkinson et al., 1991; Cao and Woodward, 1998)。但由于其没有区分土壤有机碳各组分间对温度敏感性的差异，也没有考虑土壤有机碳分解对温度的敏感性随时间的动态变化，所以可能高估了全球变暖情景下土壤碳的释放。

（2）植被类型

植被的物种组成在某种程度上控制着土壤有机碳分解的速度。不同类型植被将形成特定的土壤表层小气候。如森林由于冠层的遮阴和较大的蒸腾速率，其土壤表层一般较草地土壤表层的温度低且较为干燥，从而导致其地表凋落物的分解速率下降(Berger et al.， 2002)。土壤有机碳主要来源于植被地上部分的凋落物及其地下部分根的分泌物和细根周转产生的碎屑。这些碳化合物均具有各自的化学特性，从而导致其在土壤中分解速率各不相同。如植物碎屑的分解速度与其木质素和N素的相对含量密切相关。木质素不仅自身难以分解，而且还对易分解的土壤有机碳具有屏蔽保护的作用，因而，随着碎屑中木质素的含量增加，其分解速率呈下降趋势(Post et al.，1996；Berger et al.，2002）。

2）人为因素

（1）土地利用变化

土地利用变化对土壤有机碳的影响主要是通过改变有机碳的保护性而影响有机碳的稳定性，进而改变有机碳的分解率。Solomon等（2000）发现热带森林转变成农田后，稳定有机质大量下降，耕作使大量的活跃有机碳释放。Bernoux等（1998）发现森林燃烧变成草地后，以前稳定的有机碳部分将变得不稳定。吴建国等（2002）报道，天然次生林变成农田或牧草地使轻组和颗粒有机碳含量降低，而变成农田使轻组和颗粒有机碳分配比例增加，土壤有机碳稳定性降低，变成牧草地却对其影响较小；天然次生林变成农田使非保护性有机碳相对数量增加；在农田中造林之后，对土壤有机碳的稳定性影响较小，而在牧草地中造林则使土壤有机碳稳定性降低。而且表层土壤有机碳最容易受土地利用变化的影响(Skjenstad et al.， 1999；吴建国等，2002)。

土地利用方式的改变通常引起有机质的输入量及土壤中有机质的周转速率变化，从而影响土壤中活性有机碳的含量。Boyer等（1996）发现，当森林生态系统改为农业生态系统（玉米）后，随着玉米种植年限的增加，表层土壤有机质含量呈下降趋势，而土壤WSOC含量却反而增加。而其他一些则表明，森林转变成农田以后，土壤WSOC明显降低（王清奎等，2005b；吴建国和徐德应，2005）。Smolander等（2002）报道，阔叶林土壤WSOC和MBC含量高于针叶林，采自不同植被下的土壤进行室内培养试验，白桦林（Silver birch）下土壤的WSOC产量高于挪威云杉（Norway spruce）和松林（Scots pine），白桦林下和挪威云杉林下土壤水溶性有机质的C/N比大于松林。徐秋芳和姜培坤（2004）研究发现，毛竹林土壤WSOC含量显著高于杉木林，极显著高于马尾松林，阔叶林和杉木林也显著高于马尾松林。地带性常绿阔叶林转变为杉木人工林后，土壤MBC、WSOC和HWC含量均降低，并且随着连栽代数的增加而减少。这些变化可能是由于土地利用变化引起的植被和土壤性质改变及其对水文过程的影响所致（Wang et al.， 2005；王清奎等，2005a，2006；Wang and Wang， 2007;）。研究得出，雷竹林地增温覆盖措施增加了土壤活性有机碳的量，连续覆盖5年的比覆盖1年的土壤活性碳含量增加了1倍（姜培坤等，2003）。

（2）耕作制度

耕作主要通过破坏微团聚体结构，释放土壤中的有机碳，影响土壤有机碳的稳定性。耕作中表层的土壤充分混合，干湿交替的频度和强度增加，土壤的通气性及孔性变好，土壤水分及其温度状况均得到一定改善，微生物活性提高，从而极大地促进了土壤呼吸作用，加速土壤有机碳的分解(Anderson and Coleman, 1985; 黄昌勇,2000; Chan et al.,2002)。Delprat等(1997)认为，林地初次耕作可使土壤中活性有机碳提高2~5倍，而以后长期耕作会使土壤中活性有机碳明显降低。Dalal和Mayer（1987）发现耕作能减少轻组有机碳的含量；Franzluebbers和Arshad（1997）发现耕作加速了颗粒有机碳的分解；吴建国等（2002）也认为，耕作导致了保护性有机碳组分被破坏，形成了非保护性的颗粒有机碳。但也有研究表明（梁文举等，2000），在土壤管理状况保持不变的前提下，土壤开垦后有机碳水平下降至达到新的平衡，然后保持相对稳定，达到新平衡的时间对于不同类型的土壤有所不同。免耕不扰动土层，土壤团聚体的数量和稳定性增加，从而减少了团聚体内部有机质的分解作用 （徐阳春等，2002）。Franzluebbers等（2000）的研究表明，巴西氧化土在免耕下土壤有机碳的固定十分显著，每年碳汇潜力达到 9.4×10^{-3}Gt。

（3）森林采伐

森林采伐后，地表裸露，完全丧失了森林生态系统调节辐射能流和水分循环的功能，对地表产生相当大的热负荷，太阳辐射和土壤水分蒸发增强，加速了土壤有机碳的矿化速率和微生物的生命活动，土壤呼吸在许多年内都超过幼龄林树木同化固碳能力，即成为碳源（周广胜等，2002; Yang et al., 2003)。研究表明，皆伐地矿质土壤呼吸在伐后的6个月内显著高于未伐地，其最大值出现时间均较未伐地有所提前（杨玉盛，2005）。

（4） 施肥

施肥将改变土壤中碳氮的可矿化量、微生物碳氮磷含量及其微生物活性，施肥对土壤有机碳的影响因肥料的种类而异。McGill等（1986）研究了不同施肥下土壤水溶性有机碳和微生物生物量碳的变化，施厩肥土壤的水溶性有机碳和微生物生物量碳含量明显高于对照的施化肥土壤；但施用化肥后土壤WSOC的变化结果不尽相同，施肥量与WSOC含量之间的关系无明显规律性。Liang等（1998）发现，有机肥明显增加了连作玉米地块土壤WSOC的含量；但化肥的施用对土壤WSOC含量的影响较复杂：砂质黏壤土地块，WSOC含量随着氮肥用量的增加而增加，但另外地块有氮肥施用比对照土壤的WSOC低；也有随着施肥量增加土壤WSOC显著下降的。

Chantigny 等（1999）发现，随着化肥施用量的增加土壤中 WSOC 含量下降。李江涛等（2004）研究了施肥对红壤水稻土有机碳的影响，发现有机肥和化肥均明显增加土壤颗粒有机碳的含量，并归因于有机物投入的增加以及水稻土大团聚体的形成。Wu 等（2004）对黄土高原地区农业土壤的长期研究结果表明，单施有机肥以及有机肥和化肥的混合施用有利于土壤有机碳和轻组有机碳含量的增加；而施用化肥则产生相反的作用。

施肥能够影响土壤有机碳在不同碳库中的分配。张付申（1996）发现，长期施用有机肥能显著提高娄土和黄绵土土壤活性有机碳含量，而施用化肥则提高了惰性有机碳的比例，提高了土壤有机碳的稳定性。这可能是因为长期单独施用无机肥，尤其是无机氮肥，虽然促进了根的生长，增加了植物根茬等的残留，但由于土壤的 C/N 值下降，土壤微生物的活性提高，加速了土壤原有碳和新鲜的有机碳的分解矿化，不仅土壤中有机碳总量下降，而且轻组有机碳量的减少大大超过重组碳，结果土壤中难氧化有机碳含量上升（马成泽等，1996；沈宏和曹志洪，1998；徐阳春等，2002）。Halvorson 等（1999）认为，氮肥的施用有利于土壤有机碳的积累。Galantini 和 Rosell（2006）报道，施用化肥增加土壤颗粒有机碳含量，而对土壤总有机碳并没有明显的作用。Rudrappa 等（2006）发现施肥增加了土壤 MBC、颗粒有机碳和 $KMnO_4$ 易氧化有机碳的含量，尤其是有机无机肥混合施用有利于土壤稳定性碳的积累。这些研究结果的差异可能与研究区域土壤和植被类型的差异有关。

7. 结语

近年来，国内外学者虽然对土壤有机碳的稳定性进行了深入研究，并且取得了一系列有价值的研究成果，但是，这些研究主要集中在农田土壤，而对森林生态系统，尤其是亚热带人工林生态系统的研究较少。由于亚热带地区特殊的气候环境、植被类型和土壤类型，其土壤有机碳的动态和稳定性具有自身的特点，加之人工林土壤受气候、植物生长发育以及人为干扰等多种因素的影响，因此，亚热带人工林具有重要的研究价值。

杉木是我国亚热带主要的造林树种，因其材质优良、速生丰产等特点而被广泛栽培。20 世纪 50 年代，特别是 20 世纪 80 年代以来，随着经济的发展，木材需要量急剧增加，促使杉木人工林的面积迅速扩大，目前已成为我国分布面积最大的人工林和亚热带典型的生态景观类型。但由于杉木人工林大面积取代地带性常绿阔叶林后，多代连载，加之不合理的经营措施以及树种特定的生态学特征，导致土壤退化，土壤有机碳含量下降，人们对其碳汇效应提出质疑。把握杉木人工林土壤碳库的长期变化规律，对于认识和评价其碳汇效应具有重要的意义，并能为亚热带地区人工林的可持续经营提供重要

1.2 不同森林植被下土壤活性有机碳含量及其季节变化[②]

的理论依据。

土壤有机碳(Soil organic carbon, SOC)是土壤—植物生态系统的重要组成部分,对土壤物理、化学和生物特征的变化起着关键作用。但是土壤有机碳总量的变化非常缓慢，很难观测到其短期内的微小变化,在森林土壤中表现得更为明显(Bolinder et al.， 1999)。土壤活性有机碳是土壤中移动快、稳定性差、易氧化、矿化，并对植物和土壤微生物活性较高的那部分有机态碳（沈宏等，1999），它们直接参与土壤生物化学转化过程，在土壤养分循环中具有重要作用，是土壤养分的储存库；并且能够在土壤全碳变化之前反映出土壤管理措施和环境引起的土壤微小变化。因此,可作为土壤质量和潜在生产力的敏感指标(Wander et al.， 1994; Haynes, 2005)。土壤活性有机碳可用水溶性有机碳、微生物量碳、热水浸提有机碳和碳水化合物等来进行表征。有研究表明(Piao et al.， 2000; Hayakawa, 2004; Zhou et al.， 2006),由于土壤活性有机碳对环境的高度敏感性，因此会表现出明显的季节变化。Zhou 等（2006）报道了竹林土壤微生物量碳和水溶性有机碳的季节变化；Zhang 等（2005）报道了格氏栲和杉木人工林枯枝落叶层水溶性

②本节原载于《中国生态农业学报》2009 年第 1 期。本节作者还有中国科学院沈阳应用生态研究所研究员汪思龙。

有机碳的季节变化。但对土壤热水浸提有机碳和碳水化合物的研究报道较少。

杉木人工林是我国南方主要的森林类型，但由于多代连栽和不合理的经营措施导致林地生产力急剧下降。一些学者(Wang et al.，2005；王清奎等，2005a)对亚热带常绿阔叶林和人工林土壤活性有机碳进行了研究，发现常绿阔叶林转变为杉木人工林后，土壤活性有机碳含量明显降低，并且随着连载代数的增加而减少。冯宗炜等（1988）通过多年定位研究，发现营造火力楠（*Michelia macclurei*）和杉木混交可明显提高林地生产力和生态功能。此后，许多学者就杉木火力楠混交对土壤养分循环、林地生产力、凋落物分解以及细根周转等方面的影响进行了深入研究（廖利平等，1995；汪思龙等，2000a；廖利平等，2000c）。森林土壤退化的核心问题是土壤有机质组分功能的退化，表现为有机质含量下降和活性降低。因此，在相对较短的时期内，如何提高土壤有机质的活性，改善其功能，对于土壤恢复来说至关重要。有研究者（Hu et al.，2006；王清奎等，2007）采用室内培养的方法研究了杉木凋落物与其他凋落物混合分解对土壤活性有机碳的影响，但室内培养实验与野外实际情况存在一定差异。例如，室内培养实验所用土壤为过筛土壤，排除了土壤动物的影响；室内培养对揭示土壤水溶性有机碳的真实反应可能存在一定影响，因为土壤水溶性有机碳在自然状态下具有很强的迁移性。目前，杉阔混交对土壤活性有机碳的影响及其季节变化方面的研究报道较少。本节研究了湖南会同境内地带性常绿阔叶林、杉木纯林、火力楠纯林以及杉木火力楠混交林的土壤活性有机碳含量及其季节动态，对于揭示森林植被对土壤碳库的影响和指导杉木人工林的可持续经营具有重要意义。

1. 材料与方法

1）研究地概况

本研究设在中国科学院会同森林生态试验站（110° 08′ E，27° 09′ N）进行，该站位于湖南省西部地区——会同县，属典型的亚热带湿润气候，年平均气温 16.5℃，1 月平均气温 4.5℃，7 月平均气温 27.5℃，年降水量 1200 ～ 1400 mm（图 1-2），年蒸发量 1100 ～ 1300 mm，年平均相对湿度 80%，林地土壤为山地红黄壤。地带性植被为典型的亚热带常绿阔叶林，以栲（Castanopsis）、石栎（Lithocarpus）等为主。

研究样地为地带性常绿阔叶林（NBF）和三种人工林，即 1982 年秋第 1 代人工杉木林皆伐后，1983 年春在皆伐迹地上设置了 3 种人工林生态系统，即杉木纯林（PCF）、火力楠纯林（PM）以及杉木与火力楠的针阔混交林（MCM）。3 种人工林密度均为 2000 株 / hm^2。针阔混交林的杉木与阔叶树的比例为 8 ：2。4 种林分林地基本概况见表 1-1。

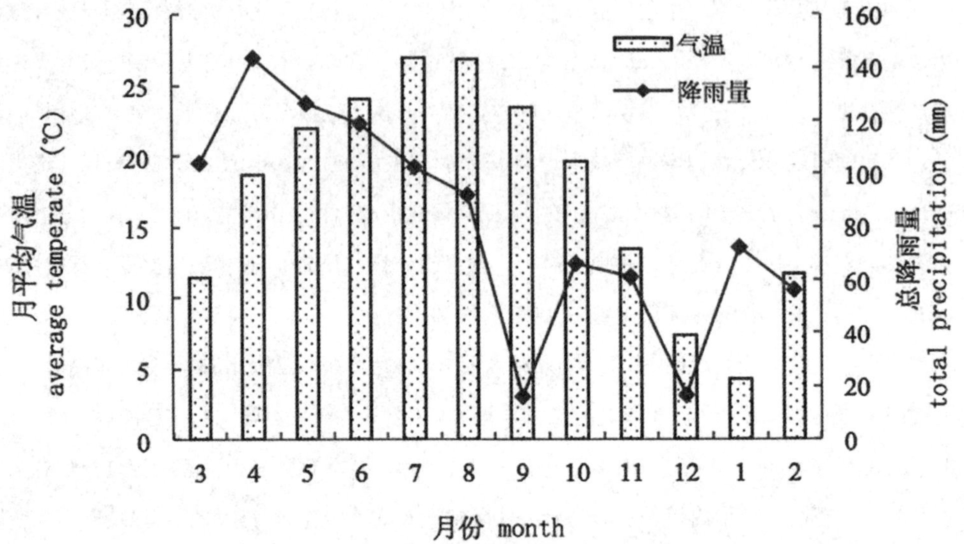

图 1-2　研究地区 2006 年 3 月至 2007 年 2 月月平均气温和总降雨量的动态

表 1-1　林地基本概况及其土壤基本理化性质

林地	pH 值	容重 /（g·cm^{-3}）	总有机碳 SOC /（g·kg^{-1}）	全氮 Total N /（g·kg^{-1}）	全磷 Total P /（g·kg^{-1}）	全钾 Total K /（g·kg^{-1}）	林龄 / 年	海拔 /m
常绿阔叶林 NBF	4.25	1.18	28.77	2.36	0.25	20.48	44	391
杉木纯林 PCF	4.94	1.27	21.69	1.68	0.18	18.58	24	521
火力楠纯林 PM	4.57	1.09	24.92	1.92	0.23	18.92	24	521
杉木火力楠混交林 MCM	4.91	1.18	21.99	1.69	0.23	18.98	24	521

2）　研究方法

试验中所用土壤均为表层土壤（0 ～ 10 cm），分别于 2006 年 4 月（春）、7 月（夏）、10 月（秋）和 2007 年 1 月（冬）采自 4 种林型。具体采样方法为：每一林地选择 3 个具有代表性的样地，样地面积为 10 m×10 m，在每块样地内随机选取 10 个点。去除地表凋落物层，然后用直径为 4.5 cm 的取土钻进行采样，并组成一个混合土样，去掉土壤中可见植物根系和残体．将土样分为两部分，一部分新鲜土样过 2 mm 筛后放置于冰箱中（3 ～ 4℃）供测定土壤微生物生物量和水溶性有机碳，另一部分土壤风干后过 2 mm 和 0.25 mm 筛，供测定热水浸提有机碳和碳水化合物以及总有机碳。

土壤微生物量碳(Soil microbial biomass carbon, MBC)测定采用氯仿熏蒸浸提法(Vance et al., 1987)。水溶性有机碳(Water-soluble organic carbon, WSOC)按McGill等(1986)的方法进行测定，操作过程为：取一定量的新鲜土加入去离子水（水土比为2.5 ：1）后，振荡30 min并离心10 min（转速为4 000 r•min^{-1}），再用孔径为0.45μm的玻璃纤维滤纸抽滤，滤液中的有机碳用Elementar High TOC Ⅱ + N仪测定。热水浸提有机碳和碳水化合物按Haynes 等（1993）的方法测定，操作过程为：称取一定量的风干土3 g，加入30 mL去离子水，在80℃下培养16 h后用孔径为0.45μm的玻璃纤维滤纸抽滤。将滤液分成两部分，一部分25 mL 用Elementar High TOC Ⅱ + N仪测定有机碳含量，即为热水浸提有机碳(hot water-extractable C, HWC)；剩余部分采用苯酚－硫酸法（Safarik and Santruckova, 1992）测定其碳水化合物含量，即为热水浸提碳水化合物（Hot-water extractable carbohydrate-C, HWcC）。

3）数据处理方法

根据野外调查观测资料和实验室内的分析资料，用EXCEL数据处理软件和SPSS统计分析软件进行数据处理分析。其中，数据进行One-way ANOVA方差分析，并用LSD多重比较法进行差异显著性分析，相关性分析采用Pearson检验法。

2. 结果与分析

1）不同林分下土壤活性有机碳含量

从试验结果来看，植被类型对土壤活性有机碳有显著影响（表1-2）。在试验期间，四种森林植被下土壤微生物量碳、水溶性有机碳、热水浸提有机碳和热水浸提碳水化合物的年平均值范围分别为194.08～307.60 mg•kg^{-1}、24.48～73.72 mg•kg^{-1}、653.01～1188.98 mg•kg^{-1}以及314.98～496.77 mg•kg^{-1}。各活性有机碳含量均以常绿阔叶林最高，杉木纯林最低，而且二者之间达到差异显著水平。不同森林植被下土壤微生物量碳和热水浸提有机碳的年平均值表现为：常绿阔叶林＞火力楠纯林＞杉木和火力楠混交林＞杉木纯林；从差异显著性分析结果看，常绿阔叶林明显高于三种人工林，火力楠纯林明显高于杉木纯林，而杉木和火力楠混交林与两种纯林之间并未达到差异显著水平（$P > 0.05$）。此外，不同林分下热水浸提碳水化合物年平均值表现为与热水浸提有机碳相同的趋势，但三种人工林之间并没有显著差异。而水溶性有机碳表现为：常绿阔叶林＞杉木和火力楠混交林＞火力楠纯林＞杉木纯林，显著性分析结果表明，杉木和火力楠混交林与杉木纯林之间存在显著差异，而与常绿阔叶林之间没有达到显著水平，两种纯林之间也没有显著差异。以上结果可以看出，地带性常绿阔叶林转变为人工林后，土壤活性有机碳含量明显降低；而火力楠纯林和杉木火力楠混交林土壤活性有机碳含量则高于杉木纯林。

表 1-2 不同林分下土壤各活性有机碳的年平均含量

林地	土壤微生物量碳 MBC /（mg·kg^{-1}）	水溶性有机碳 WSOC /（mg·kg^{-1}）	热水浸提碳水化合物 HWcC /（mg·kg^{-1}）	热水浸提有机碳 HWC /（mg·kg^{-1}）
NBF	307.60 ± 55.99 a	73.72 ± 45.71 a	496.77 ± 164.77 a	1188.98 ± 292.15 a
PCF	194.08 ± 17.98 c	24.48 ± 17.16 c	314.98 ± 106.98 b	653.01 ± 200.72 c
PM	238.22 ± 24.68 b	40.60 ± 21.14 bc	401.71 ± 130.85 ab	852.56 ± 208.99 b
MCM	217.41 ± 21.72 bc	62.43 ± 38.21 ab	353.13 ± 119.78 b	722.08 ± 171.47 bc

注：表中的数值为平均值 ± 标准差，不同字母表示 $P < 0.05$ 差异显著水平。

2）土壤活性有机碳的季节变化

不同林分下土壤活性有机碳表现出明显的季节动态（表 1-3）。一年中，四种林分下土壤水溶性有机碳含量始终是常绿阔叶林＞杉木和火力楠混交林＞火力楠纯林＞杉木纯林，其他活性碳库则表现为常绿阔叶林＞火力楠纯林＞杉木和火力楠混交林＞杉木纯林。土壤水溶性有机碳以夏季最高，春夏季节高于秋冬季节，杉木纯林最低值出现在秋季，其他三种林地则出现在冬季。土壤微生物量碳最高值均在秋季，冬季和夏季最低。从春季到秋季，土壤热水浸提有机碳和碳水化合物含量持续降低；转入冬季以后，热水浸提碳水化合物含量继续降低，而热水浸提有机碳含量只有常绿阔叶林继续降低，三种人工林略有升高。

表 1-3 不同森林类型土壤各活性有机碳的季节变化

林地和季节		土壤微生物量碳 MBC /（mg·kg^{-1}）	水溶性有机碳 WSOC /（mg·kg^{-1}）	热水浸提碳水化合物 HWcC /（mg·kg^{-1}）	热水浸提有机碳 HWC /（mg·kg^{-1}）
NBF	春 spring	315.42 ± 3.57	102.47 ± 15.80	661.47 ± 24.26	1517.56 ± 118.53
	夏 summer	279.86 ± 4.58	127.67 ± 3.92	548.24 ± 14.80	1373.40 ± 131.17
	秋 autumn	388.84 ± 16.61	45.02 ± 3.07	539.69 ± 11.73	1024.42 ± 38.62
	冬 winter	246.27 ± 12.03	19.70 ± 0.43	237.67 ± 15.63	840.55 ± 31.44
PCF	春 spring	198.02 ± 1.13	37.51 ± 11.87	451.38 ± 10.23	951.16 ± 117.73
	夏 summer	195.13 ± 9.18	42.54 ± 1.34	345.36 ± 7.88	664.96 ± 31.14
	秋 autumn	214.74 ± 14.83	7.38 ± 1.13	296.42 ± 2.73	479.53 ± 5.73
	冬 winter	177.82 ± 19.73	10.49 ± 0.17	166.77 ± 2.63	516.36 ± 2.98

续表 1-3　不同森林类型土壤各活性有机碳的季节变化

林地和季节		土壤微生物量碳 MBC /（mg · kg-1）	水溶性有机碳 WSOC /（mg · kg-1）	热水浸提碳水化合物 HWcC /（mg · kg-1）	热水浸提有机碳 HWC /（mg · kg-1）
PM	春 spring	259.71 ± 7.01	51.78 ± 8.85	563.71 ± 18.12	1158.72 ± 81.58
	夏 summer	216.89 ± 6.32	65.53 ± 4.82	446.50 ± 10.80	889.33 ± 4.37
	秋 autumn	259.87 ± 12.77	31.64 ± 3.02	378.31 ± 3.19	657.67 ± 31.94
	冬 winter	216.40 ± 17.50	13.43 ± 0.53	218.33 ± 8.13	704.50 ± 7.15
MCM	春 spring	224.47 ± 1.80	98.36 ± 6.06	472.88 ± 9.55	956.51 ± 69.94
	夏 summer	198.54 ± 20.45	98.64 ± 11.56	440.11 ± 10.39	785.67 ± 9.20
	秋 autumn	235.53 ± 10.05	35.57 ± 6.25	317.02 ± 14.79	554.29 ± 23.17
	冬 winter	211.09 ± 30.19	18.14 ± 1.03	182.51 ± 4.33	591.84 ± 5.58

在春夏季节，植物进入生长期，为土壤微生物提供了足够的易分解的新鲜有机质。另一方面，适宜的水热条件，极大地提高了微生物活性和植被的新陈代谢速率。凋落物分解加快，根系分泌物也增多。因此，尽管此时降雨对土壤有机碳有较强的淋溶、淋失作用，但强的生物活性、高的生物代谢产物产生速率，使 WSOC 含量在土壤环境中保持持续上升。而土壤微生物在活跃的新陈代谢状态下，周转速率提高，能耗加快，导致活性土壤微生物量碳蓄存量降低，HWC 和 HWcC 也随之减少。

从夏季到秋季，温度有所降低，加之降雨量偏低，土壤干旱，导致土壤微生物活性极大降低。这种情况下，一定量的降雨会刺激微生物的大量繁殖，使土壤 MBC 含量急剧增加，尤以常绿阔叶林最为明显。而土壤 WSOC、HWC 和 HWcC 均大幅度的降低，一方面是由于高温干旱导致植物和微生物新陈代谢减弱，分泌物减少；另一方面，可能是长时间土壤干燥后的降雨对可溶解的有机碳部分产生较强的淋溶作用。

从秋季到冬季，随着气温的降低，微生物活性和数量都逐渐降低，土壤微生物量碳减少。此时，植物基本停止生长，根系分泌物减少，凋落物分解缓慢，产生的水溶性有机碳和碳水化合物减少，含量降低。而微生物一方面利用土壤中活性有机碳来维持自身生存，另一方面，其死亡后的尸体转化为可被热水浸提的有机碳(Sparling et al., 1998)。常绿阔叶林由于微生物数量巨大，在微生物周转缓慢的情况下，HWC 消耗量超过转化量，含量降低；而三种人工林则表现为转化量高于消耗量，因此含量略有升高。因此，土壤活性有机碳的季节变化不仅与温度、降雨等气候因素有关，而且也受到植被类型的影响。

3）土壤活性有机碳之间的相关性

对各活性碳库之间的相关性分析结果（表 1-4）表明，除了土壤微生物量碳和水溶性有机碳显著相关以外，各活性有机碳库两两之间都存在着极显著相关关系。表明各活性碳之间关系密切，它们虽然表述与测定方法不同，但它们都在一定程度上表征了土壤中活性较高部分的碳含量。其中，与土壤 MBC 的相关性以 HWcC 最高，HWC 次之。表明，热水浸提碳水化合物对微生物的有效程度最高，水溶性有机碳最低。

表 1-4　土壤微生物生物量碳、水溶性有机碳、热水浸提有机碳和碳水化合物之间的相关系数

相关系数 指标 / 指标	WSOC	MBC	HWC
MBC	0.285*	—	—
HWC	0.747***	0.576***	—
HWcC	0.762***	0.588***	0.859***

注：*、** 和 *** 分别表示 $P < 0.05$、$P < 0.01$ 和 $P < 0.001$ 上的显著性水平（two-tailed, n=48）。

3. 讨论

1）不同植被下土壤活性有机碳含量

土壤有机碳主要来源于植被地上部分的凋落物及其地下部分根的分泌物和细根周转产生的碎屑。植被的物种组成、土地利用方式以及管理措施等都会影响土壤有机碳的质量、数量和周转(Berger et al., 2002)。常绿阔叶林转变为不同类型的人工林后，森林植被类型发生变化，凋落物以及根系输入到土壤中的有机碳的质量和数量也随之改变，导致土壤有机碳存在差异。而土壤中的活性有机碳部分在土壤养分短期周转、为微生物提供能量等方面发挥着重要作用，能够更敏感地反映出这种变化（Piao et al., 2000）。

本研究结果表明，与常绿阔叶林相比，三种人工林土壤活性有机碳含量降低，这与大部分研究结果一致。王清奎等（2005a）研究发现，与阔叶林相比，第一、二代杉木纯林土壤活性有机质总量、微生物生物量碳、水溶性有机碳和碳水化合物含量均不同程度降低；姜培坤（2005）分析了常绿阔叶林、马尾松林和杉木人工林不同层次土壤的活性有机碳含量，也发现常绿阔叶林土壤微生物量碳和水溶性有机碳含量高于马尾松与杉木林土壤。这一方面是人为干扰的结果，例如炼山、皆伐等活动导致土壤有机质大量减少；另一方面，是由于土地利用变化引起凋落物种类、数量减少，质量下降以及林地生物多样性的降低所致。本研究还表明，杉木火力楠混交林土壤各活性有机碳库高于杉木纯林，尤其是水溶性有机碳含量的增加最为显著。凋落物和细根是土壤水溶性有机碳的主要来源(Kalbitz et al., 2000)，凋落物的分解和细根的

周转释放出水溶性有机碳，同时，也为土壤微生物的活动提供能源，而土壤微生物是土壤热水浸提有机碳和碳水化合物最主要的来源之一(Redl et al., 1990; Haynes and Beare , 1997)。因此，凋落物和细根的分解可能是影响土壤活性有机碳库的主要因素。一些模拟试验结果表明，火力楠与杉木凋落物混合分解时表现出相互促进的作用（汪思龙等，2000c），添加混合叶凋落物土壤微生物量碳、水溶性有机碳等活性有机碳含量高于添加纯杉木叶凋落物土壤（王清奎等，2007），而且火力楠细根比杉木细根更显著地增加土壤活性有机碳的含量（刘艳等，2007）。凋落物和细根的化学成分可能是导致这一结果的主要原因(Couteaux et al., 1995; Silver and Miya , 2001)，凋落物和细根的 C/N 以及纤维素、木质素等 C 的存在形式直接影响着微生物对其分解和利用的程度，从而影响土壤活性有机碳的含量。与杉木凋落物和细根相比，阔叶树凋落物和细根 C/N 小、初始氮含量高，微生物较容易利用，自身分解较快，有利于土壤活性有机碳含量的提高。

2）土壤活性有机碳的季节变化

由于土壤活性有机碳对环境条件变化的高度敏感性，各林地土壤活性有机碳含量具有明显的季节差异。土壤水溶性有机碳在森林生态系统土壤形成、土壤养分有效性和污染物移动方面都起着重要作用，本研究中各林地土壤水溶性有机碳含量从春季到夏季升高，从夏季到秋冬则降低，这与 Campbell 等（1999a，199b）的研究结果一致。但也有研究表明，竹林（Zhou et al., 2006)、杉木和格氏栲人工林(Zhang et al., 2005)土壤水溶性有机碳含量在秋冬季节高于夏季。

土壤微生物量直接参与生态系统 C、N 和其他养分的循环，与生态系统生产力密切相关。因此，土壤微生物量碳的季节变化可以一定程度上反映土壤有机碳的周转和养分的循环(McGill et al., 1986）。本研究表明，各林地土壤微生物量碳在夏季和冬季较低，其原因可能是夏季温度和湿度较为适宜，土壤微生物量碳周转速度快，其累积量就相对较少；而冬季气温低，不利于微生物的活动和繁殖，导致土壤微生物量碳较低，与其他研究结果不尽一致。Piao 等（2000）在中国西南岩溶地区的研究发现，土壤微生物量碳在冬季最高，夏季最低；Zhou 等（2006）报道了竹林春季土壤微生物量碳低于夏季。这些研究结果的差异可能与研究地区、植被类型以及气候条件的差异有关。

土壤热水浸提有机碳主要包括微生物、碳水化合物以及构成土壤其他活性有机碳的简单化合物，并且可以作为森林土壤有机质质量变化的敏感指标（Wang and Wang, 2007）。土壤热水浸提碳水化合物是土壤团聚体的重要胶结剂，与土壤团聚体的稳定性密切相关(Haynes and Swift, 1990)，也是土壤热水浸提有机碳的重要组成部分。本研究中，土壤热水浸提碳水化合物约占土壤热水浸提有机碳的 30% ～ 60%，比其他研究结果中的范围要大，Puget 等（1999）报道耕作土壤中这一比例为 40% ～ 50%，Ghani 等（2000，2003）研究了不同土地利用方式后，认为这一比例在 40% ～ 60%之间。不同林地土壤热水浸提有机碳和碳水化合物含量的季节变化趋势表现为，前者从春季到冬季一直呈下降趋势，后者在不同林地的变化略有差异，地带性常绿阔叶林从春季到冬季持续降低，而三种人工林则在冬季略有回升，这可能与常绿阔叶林土壤微生物数量大，能耗多有关。有研究（Ghani et al.， 2003）发现土壤热水浸提有机碳的季节变化在不同年份之间也存在差异，甚至有相反的变化趋势，主要是由于同一季节不同年份之间在降雨、气温等气候因素上存在较大差异所致。本研究中不同林地之间土壤活性有机碳的季节变化趋势并不完全一致，因此，植被类型对土壤活性有机碳的季节变化也有显著的影响。

3）各活性有机碳之间关系

土壤活性有机质的各个组分作为有机质的一部分是相互联系的。碳水化合物是土壤微生物细胞必需的组成物质和主要能源，与土壤微生物存在密切的关系（Piao et al.， 2000）。土壤微生物生物量碳与土壤热水浸提碳水化合物含量具有极显著的正相关性（r=0.588**，$P<0.01$），与土壤水溶性有机碳（r=0.285*，$P<0.05$）、土壤热水浸提有机碳（r=0.576**，$P<0.01$）含量之间的相关性也达到了显著或极显著水平，这表明土壤各种活性有机碳组分都是土壤微生物的碳源，但它们对土壤微生物的有效程度不同。由相关系数可知，土壤热水浸提碳水化合物对微生物的有效程度最高。王清奎等（2005a）也认为，土壤水溶性碳水化合物对微生物的有效程度最高。Liang 等（1998）研究发现，土壤微生物量碳与水溶性有机碳、碳水化合物中的碳呈显著正相关，而与长脂肪链碳呈负相关，表明微生物量碳不仅与水溶性有机碳的数量有关，而且与其质量也有关。也有人（Piao et al.， 2000）发现，不同季节之间土壤微生物量碳与 0.5 $mol\cdot L^{-1}$ K_2SO_4 浸提的水溶性有机碳、碳水化合物显著负相关，认为他们是土壤微生物重要碳源并与土壤微生物相互消长。但本研究中同一林地类型不同季节之间土壤微生物量碳与其他活性有机碳之间没有显著相关性，这可能与研究区域的差异有关。另外，一年中不同林地土壤各活性有机碳库的方差分析结果（表 1-4）表明，土壤微生物量碳和土壤热水浸提有机碳能够较好地区分不同森林类型，并且与其他活性有机碳具有明显相关性，因此，可以作为土壤质量的评价指标，这与其他人的研究结果一致（Sparling et al.， 1998；张春霞等，2006；Wang and Wang， 2007）。

4. 结语

研究发现，常绿阔叶林转变为人工林后，土壤活性有机碳含量明显降低；与杉木纯林相比，火力楠与杉木混交可提高土壤活性有机碳含量，其中，土壤水溶性有机碳含量显著增加，而土壤其他活性有机碳库在一年的观测中并没有显著的提高。可以认为杉木火力楠混交林主要通过增加土壤可溶性有机碳含量，提高并促进养分在土壤中的运输，有利于植物对养分的吸收，从而提高林地生产力。因此，与杉木纯林相比，杉木火力楠混交林更有利于提高土壤质量和退化土壤的恢复。此外，土壤微生物量碳和土壤热水浸提有机碳可以作为土壤质量评价的生化指标。土壤活性有机碳的季节变化一方面与温度、降雨等气候因素有关，另一方面与植被类型有关。

1.3 不同发育阶段杉木人工林土壤碳库稳定性研究③

在人工林发育过程中，随着森林郁闭度、光照、凋落物的变化，土壤有机碳也处于变化之中。林地在经过采伐或炼山等人为干扰以后，虽然暂时增加有效养分、微生物数量和酶活性，但损耗了土壤表层大量有机质和各种养分，并加剧了水土流失（盛炜彤和范少辉，2005）。土壤有机碳或通过微生物的作用以 CO_2 的形式排放到大气中，或通过雨水的径流和冲刷作用而大量损失，成为碳源。研究表明，这种碳源效应会持续多年(Schulze et al.，1999；Pypker & Fredeen，2002；Rannik et al.，2002；Kowalski et al.，2003）。但是，随着林分的发育，林冠郁闭，凋落物增加，土壤生态系统功能会逐渐向碳汇转化。欧洲地区的调查结果显示，中龄林地通常具有碳汇功能(Valentini et al.，2000)，而老龄林由于净初级生产力(NPP)降低(Ryan et al.，1997)，土壤碳贮量大，土壤呼吸强度增加，因此，老龄林土壤碳汇功能减弱，甚至有可能成为碳源（Lindroth et al.，1998；Goulden et al.，1998）。

Rovira和Vallejo（2002，2003，2007）通过酸水解法研究土壤中顽固性有机碳的数量，将

③本节原载于《生态与农村环境学报》2010年第6期，后对内容进行了调整和补充。本节作者还有中国科学院沈阳应用生态研究所研究员汪思龙。

土壤有机碳区分为活性库Ⅰ（LPⅠ）、活性库Ⅱ（LPⅡ）以及顽固性组分（RF），其难降解性依次增强，即顽固性组分不能被水解，并使用顽固性指数（RI_C）作为有机碳生化特征的指标，这个值越低表明有机碳的生化质量越高，越容易被微生物分解利用，其稳定性也越高。该方法操作过程简单，而且能够较好地反映土壤有机碳的稳定性。物理保护是稳定土壤有机碳的主要途径之一，主要依赖于土壤中能形成有机－无机复合体或微团聚体的矿质颗粒的数量，而特定的土壤中，这些颗粒的数量是有限的（王刚等，2004）。

杉木人工林在我国具有悠久的培育历史，也是种植面积最大的人工林。传统的杉木人工林经营通常要经历采伐、炼山和整地等阶段，在这个过程中，林地地力消耗很大；杉木人工林通常在栽植 25 ～ 30 年后实行皆伐（陈楚莹等，2000；盛炜彤和范少辉，2005）。而目前，对杉木人工林发育过程中土壤有机碳在各碳库中如何分配及其对有机碳稳定性的影响的研究未见报道。为此，本研究选择我国杉木林中心产区——湖南会同县广坪镇境内立地条件相似、不同发育阶段的杉木人工林作为研究对象，分析比较了各发育阶段林地土壤有机碳的生化特征、物理保护的程度以及土壤微生物特征，以期为准确评价杉木人工林土壤碳库的稳定性及其固碳潜力提供理论依据。

1. 材料与方法

1）研究地概况

研究地位于湖南省会同县广坪镇境内中国科学院会同森林生态实验站试验林区（110º 08′E, 27º 09′N）。该地区为长江水系之沅江上游，云贵高原向江南丘陵延伸的过渡地带，是我国杉木的中心产区，素有“广木之乡”的美誉。境内为低山丘陵地貌，属典型的中亚热带湿润气候，年平均气温为 13.4 ～ 16.6℃；土壤类型为典型的山地丘陵红黄壤。试验林地设在广坪镇中心林区内，选择立地条件大致相似的第二代杉木人工纯林的幼龄林（3 ～ 4 年生）、中龄林（16 ～ 18 年生）和成熟林（24 ～ 26 年生）三个发育阶段，每个发育阶段选择三个不同的林地作为重复，每个林地的面积范围均在 10.2 ～ 38.7 hm^2 之间。试验林地的基本理化性状如表 1-5 所示。

表 1-5　不同发育阶段杉木林土壤理化性质（0 ～ 20 cm 土层）

发育阶段	pH 值	容重 / ($g \cdot cm^{-3}$)	全氮 / ($g \cdot kg^{-1}$)	全钾 / ($g \cdot kg^{-1}$)	全磷 / ($g \cdot kg^{-1}$)	砂粒 /%	粉粒 /%	黏粒 /%
幼龄林	4.55	1.15	2.7	23.3	0.23	8.78	40.62	50.60
中龄林	4.58	1.24	2.58	21.97	0.21	8.74	44.33	46.93
成熟林	4.50	1.13	2.77	23.19	0.22	8.40	41.44	50.16

2）土壤样品采集与处理

每一林地代表一个重复，在每一林地内划分3个样方，样方面积为20 m×20 m。在每块样地内随机选取10个点，去除地表凋落物层，然后用直径为4.5 cm的土钻分0～10cm和10～20cm两层进行采样，每层的10个点组成一个混合土样，取林地3个样方的平均值作为该重复的测定结果。去掉土壤中可见植物根系和残体．将土样分为两部分，一部分新鲜土样过2 mm筛后放置于冰箱中（3～4℃）供测定土壤微生物量碳（MBC），另一部分土壤风干后过0.25 mm和2 mm土筛，供分析土壤理化性质、不同密度组分有机碳、土壤总有机碳（SOC）和土壤有机碳的生化特征。

3）测定与分析方法

（1）土壤理化性质

土壤总有机碳（SOC）采用重铬酸钾加热法测定；土壤全氮采用凯氏法；全磷采用酸溶（硫酸＋高氯酸）-钼锑比色法；全钾采用酸溶（氢氟酸＋高氯酸）-比色法测定；pH值采用电位法；土壤机械组成的测定采用比重计法；土壤容重采用环刀法测定（鲁如坤，2000）。

（2）土壤微生物量碳

土壤微生物量碳测定采用氯仿熏蒸-K_2SO_4浸提法(Brookes et al., 1985)。微生物熵(MQ)为土壤微生物生物量碳与土壤总有机碳的比值。

（3）土壤有机碳稳定性

按照H_2SO_4水解法测定分析土壤有机碳的生化特征(Rovira and Vallejo, 2007),并通过下式计算顽固性碳指数（RI_C）：

$$RI_C\ (\%) = (\text{顽固性碳含量} / \text{总有机碳含量}) \times 100$$

参照Rovira 和 Vallejo的研究方法(Rovira and Vallejo, 2002),通过比重为1.8 $g \cdot mL^{-1}$的NaI溶液，将土壤有机碳依据密度分成轻组有机碳（LOC）和重组有机碳（HOC）。

（4）数据分析

根据野外调查观测资料和实验室内的分析资料，用EXCEL数据处理软件和SPSS统计分析软件进行数据处理分析。其中，数据进行One-way ANOVA方差分析，并用LSD多重比较法进行差异显著性分析，相关性分析采用Pearson检验法。

2. 结果

1）土壤总有机碳与微生物量碳的变化

土壤总有机碳含量（SOC）与土壤理化性质密切相关，而土壤微生物量碳（MBC）则是土壤有机碳中最活跃的和最易变化的部分。与土壤总有机碳相比，MBC 对环境变化的响应更快，可用作土壤总有机碳变化的早期指标和土壤活性有机碳变化的指标（Carter，1986）。MBC 占 SOC 的比例，即土壤微生物熵（MQ），能预测土壤有机质长期变化或监测土地退化及恢复（Balota et al.，2003）。由表 1-6 可以看出，杉木人工林发育过程中土壤 SOC、MBC 以及 MQ 均在中龄林出现最低值。其中，土壤 SOC 含量成熟林阶段达到最高值。而 MBC 含量和 MQ 在不同土层中达到最高值的时间存在差异。0 ～ 10cm 土层 MBC 含量和 MQ 在幼龄林阶段最高，而 10 ～ 20cm 土层其最高值则出现在成熟林阶段。表明，在杉木人工林发育的初期阶段，林地处于不断退化之中，进入中龄阶段以后，土壤才逐渐得到恢复。

表1-6 不同发育阶段杉木人工林土壤总有机碳、土壤微生物量碳和微生物熵的比较

发育阶段		土壤总有机碳含量 SOC /（$g \cdot kg^{-1}$）	土壤微生物量碳 MBC /（$mg \cdot kg^{-1}$）	土壤微生物熵 MQ /%
0 ～ 10cm 土层	幼龄林	20.17 ± 1.10 a	340.11 ± 22.47 c	1.69 ± 0.07 a
	中龄林	18.72 ± 1.33 a	176.15 ± 2.21 a	0.94 ± 0.06 c
	成熟林	22.11 ± 1.09 b	260.74 ± 17.61 b	1.18 ± 0.10 b
0 ～ 20cm 土层	幼龄林	11.87 ± 1.35 a	143.75 ± 15.25 b	1.21 ± 0.02 a
	中龄林	10.69 ± 0.24 a	112.15 ± 18.92 a	1.05 ± 0.15 b
	成熟林	15.65 ± 0.99 b	195.45 ± 11.39 c	1.28 ± 0.11 a

注：表中的数值为平均值 ± 标准差。同一土层同一列中的字母表示 $P < 0.05$ 水平的差异显著性（n=3）。下同。

2）土壤有机碳稳定性的变化

杉木人工林发育过程中土壤有机碳生化特征的变化如表 1-7 所示。LP Ⅰ的含量在 0 ～ 10 cm 土层表现出幼龄林＞成熟林＞中龄林，在 10 ～ 20cm 土层则表现出成熟林＞幼龄林＞中龄林。土壤 LP Ⅱ的含量也在中龄林阶段最低，幼龄林和成熟林阶段差异并不明显。土壤顽固性有机碳含量在林分发育过程中持续升高，一定程度上反映了这部分碳库不易被土壤微生物利用。

从顽固性指数（即 RI_C 值）来看（表 1-7），各阶段表现为中龄林＞成熟林＞幼龄林，即中龄林阶段土壤有机碳稳定性最高，中龄林和成熟阶段之间 RI_C 值的差异并没有达到显著水平。此外，杉木人工林各发育阶段 0 ～ 10 cm 层土壤 RI_C 值均高于 10 ～ 20 cm 土层。表明，下层土壤有机碳的稳定性低于上层土壤。

表 1-7　不同发育阶段杉木人工林土壤有机碳生化特征的比较

发育阶段		活性库Ⅰ LPⅠ / (g·kg^{-1})	活性库Ⅱ LPⅡ / (g·kg^{-1})	顽固性组分 RF / (g·kg^{-1})	顽固性指数 RI_C /%
0～10cm 土层	幼龄林	4.06 ± 0.28 a	5.15 ± 0.11 a	10.80 ± 0.48 b	43.0 ± 4.6 b
	中龄林	1.77 ± 0.11 c	4.10 ± 0.46 b	13.26 ± 0.30 a	63.2 ± 5.5 a
	成熟林	2.45 ± 0.21 b	5.55 ± 0.19 a	13.76 ± 0.08 a	57.6 ± 1.3 a
0～20cm 土层	幼龄林	3.12 ± 0.16 b	3.56 ± 0.05 a	6.02 ± 0.64 b	38.7 ± 10.3 b
	中龄林	2.35 ± 0.20 c	2.34 ± 0.32 b	6.59 ± 0.51 b	51.0 ± 5.4 a
	成熟林	3.71 ± 0.19 a	3.41 ± 0.13 a	8.17 ± 0.03 a	41.9 ± 2.8 ab

如表 1-8 所示，杉木人工林土壤重组有机碳含量表现为成熟林＞幼龄林＞中龄林，这与总有机碳的变化基本一致。而土壤轻组有机碳及其占总有机碳的比重，在杉木人工林发育过程中呈持续上升的趋势，重组有机碳所占的比重则呈逐渐下降的趋势。但 10～20 cm 层土壤轻组和重组有机碳在林分发育过程中的变化并不如 0～10 cm 土层明显。

表 1-8　不同发育阶段杉木人工林土壤轻组、重组有机碳及其比重的变化

发育阶段		轻组有机碳含量 LOC/ (g·kg^{-1})	重组有机碳含量 HOC/ (g·kg^{-1})	轻组占总有机碳的比重 /%	重组占总有机碳的比重 /%
0～10cm 土层	幼龄林	2.49 ± 0.33 a	17.18 ± 0.74 b	12.5 ± 1.2 a	87.5 ± 1.2 b
	中龄林	2.56 ± 0.30 b	15.66 ± 0.27 a	14.0 ± 1.2 a	86.0 ± 1.2 b
	成熟林	3.58 ± 0.12 c	18.66 ± 0.95 c	16.1 ± 0.2 b	83.9 ± 0.2 a
10～20cm 土层	幼龄林	1.67 ± 0.06 a	10.76 ± 1.53 a	13.6 ± 1.7 a	86.4 ± 1.7 b
	中龄林	1.68 ± 0.40 a	8.88 ± 1.08 b	15.8 ± 1.4 ab	84.2 ± 1.4 ab
	成熟林	2.51 ± 0.14 b	11.94 ± 1.13 a	17.5 ± 2.0 b	82.5 ± 2.0 a

3）土壤各有机碳组分的生物有效性分析

杉木人工林发育过程中，土壤各有机碳组分与 MBC 和 MQ 的相关性分析结果如表 1-9 所示，其中只有 LPⅠ与这两项土壤微生物指标之间均表现出 $P < 0.01$ 水平上的显著相关性。表明，在杉木人工林发育过程中，LPⅠ中的有机碳成分生物有效性最高，可能是土壤微生物最主要的碳源。

表 1-9　杉木人工林发育过程中土壤各有机碳组分与 MBC、MQ 的相关性（n=24）

指标	LOC	HOC	LPⅠ	LPⅡ	RF
MBC	0.422*	0.620**	0.621**	0.793***	0.556**
MQ	0.011	0.066	0.820***	0.314	-0.019

注：*、** 和 *** 分别表示 $P < 0.05$、$P < 0.01$ 和 $P < 0.001$ 水平上相关性显著（two-tailed, n=24）。

3. 分析与讨论

本研究发现，在杉木人工林发育过程中土壤SOC、MBC和MQ均在中龄林阶段最低。许多学者对杉木人工林不同发育阶段的土壤有机碳进行了研究，但结果并不一致。尉海东和马祥庆（2006）认为，土壤有机碳贮量随着林龄增加而增加；焦如珍等（2005）则认为，杉木人工林不同发育阶段土壤MBC、细菌数量与有机质含量都是从幼龄林到中龄林阶段呈下降趋势，从中龄林到成龄林呈上升趋势，即在中龄林阶段为最低谷；盛炜彤和范少辉（2005）也发现，中龄林土壤的有机质、微生物数量和活性最低。这可能与幼林抚育过程、凋落物数量以及林下植被密切相关。森林采伐后，地表裸露，加速了土壤有机碳的矿化，土壤呼吸在许多年内都超过幼龄林同化固碳能力，而成为碳源（周广胜等，2002）。另一方面，森林凋落物作为土壤—植物系统碳循环的联结库，对土壤碳贮量具有较大的影响。杉木林营造之初，采伐、炼山等管理措施使得林地原有地上凋落物层被破坏，在幼林期极少有新的枯枝落叶形成，土壤有机碳和微生物量不断下降。进入中龄林以后，才开始产生大量枯枝落叶，其形成的腐殖质大于矿化损失，土层中的有机碳和微生物量碳亦随之较大幅度增加，林地土壤质量性状开始缓慢恢复（廖利平等，2000a）。此外，林下植被的种类、数量一定程度上影响着土壤有机碳的积累以及土壤微生物的变化。一方面，其根系和凋落物都是土壤有机碳的重要来源和土壤微生物的重要碳源；另一方面，其植物类型与组成也影响着有机碳的积累与分解速率。有研究表明（盛炜彤和范少辉，2005），杉木林下植物种类和数量随林龄的变化表现为成熟林＞幼龄林＞中龄林，且与土壤总有机碳的变化基本一致。但还有一些研究得出的结论与本研究不尽相同。有学者报道（胡慧蓉等，2001；尉海东和马祥庆，2006），杉木林地土壤有机碳含量随杉木年龄的增加而逐渐升高。Schipper 等（2001）发现，不同生态系统演替过程中土壤MQ与林龄呈明显的负相关。这些研究结果上的差异可能是由于研究区域的自然条件、土壤类型以及森林类型的不同所致。

土壤有机碳生化特征的研究结果显示，杉木人工林土壤LP Ⅰ和LP Ⅱ均在中龄林阶段出现最低值，这与MBC等活性碳库的变化趋势基本一致。而RF和RI_C值在林分发育过程中总体而言呈上升的趋势，表明土壤碳库趋于稳定。这可能是因为进入中龄林以前，由于土壤微生物优先利用活性碳库中的组分，从而使顽固性指数升高；而进入中龄林以后随着林分和林下植被的发育，凋落物分解对活性碳库的补充大于消耗，活性碳库开始积累，因此，顽固性指数降低。邵月红等（2005）也发现，成熟杉木林和中龄杉木林表层土壤主要增加了总碳中分解非常缓慢的惰效性碳，使表层土壤的惰效性碳含量非常高，即主要起到了固定碳的作用。因此，杉木人工林发育过程中土壤有机碳自身的难降解性增强，具有较大的固碳潜力。各有机碳组分中LP Ⅰ与MBC、MQ之间的相关性达到极显著水平，表明其对土壤微生物的有效性也最高。

Zhang 等（2009）研究了杉木人工林连栽过程中土壤有机碳的稳定性，也发现 LP Ⅰ与土壤微生物特征各项指标之间的相关性最为显著。因此，LP Ⅰ可能是杉木林土壤中最易被微生物利用的碳源。

重组和轻组有机碳的难降解性是相似的，他们周转上的差异主要是由于土壤重组中的有机碳与不同粒级的矿物颗粒紧密结合，使之更难被微生物接触，从而对有机碳起到保护作用（Swanton et al.，2002；王刚等，2004）。本研究得出，在杉木人工林发育过程中，重组有机碳占总有机碳的比例呈递减趋势，这可能是因为凋落物分解过程中土壤轻组有机碳最先被补充，而重组有机碳的形成相对缓慢，导致重组有机碳所占的比例随之降低。此外，10～20 cm 层轻组和重组有机碳在林分发育过程中的变化并不如 0～10 cm 土层明显，这一方面是由于林地凋落物堆积于土壤表层，导致下层有机碳很难得到补充；另一方面，10～20 cm 层土壤微生物数量较少，其活动也不如 0～10 cm 土层那样强烈，导致有机碳分解缓慢，这可能也是 10～20 cm 层不同密度组分有机碳变化缓慢的主要原因。因此，杉木人工林发育过程中，土壤有机碳受物理保护的部分总的变化趋势是减少的。

本研究中，杉木人工林轻组有机碳占总有机碳的比例在 12.5%～17.5% 之间，小于 Golchin 等（1994a）提出的森林土壤中未经超声波分散提取的轻组占土壤总有机碳 31% 的这一比值，也小于 Christensen（1992）提出的温带、寒温带森林表层轻组有机碳占全土总有机碳的 17%～47%。因此，亚热带人工林土壤轻组占总有机碳的比例可能低于温带和寒温带地区森林土壤。这可能是因为中亚热带地区温度较高，降雨量较大，凋落物分解释放较多，转移到土壤中积累量较少，体现出中亚热带地区土壤碳积累的特点。

4. 结论

在杉木人工林发育过程中，除了土壤轻组有机碳和顽固性有机碳含量呈持续上升趋势外，土壤微生物熵、总有机碳及其他各组分均表现为先降低后升高的规律；土壤顽固性有机碳占总有机碳的比重则表现为中龄林＞成熟林＞幼龄林；物理保护程度较强的重组有机碳占总有机碳的比例在森林发育过程中逐渐下降，表明土壤有机碳受物理保护的程度降低。因此，总体而言，杉木人工林从幼林阶段至发育成熟是一个土壤有机碳积累的过程，在这个过程中，土壤有机碳自身的顽固性增加，但受到的物理保护程度减弱。此外，各组分中以 LP Ⅰ对土壤微生物的有效性最高。

1.4 连栽对杉木人工林土壤有机碳库的影响研究④

随着社会经济的发展，人们对木材的需求量越来越大，人工用材林的面积也随之不断扩大，这对经济的发展起到了一定的促进作用。同时，也带来了严重的生态环境问题。天然林资源严重过渡采伐，被大面积树种单一的速生人工林所取代。我国是世界上人工林面积最大的国家，但由于树种单一、针叶林比重大，并向着集约经营和短轮伐期方向发展，其存在的生态问题也日益突出（陈楚莹和汪思龙，2004）。

杉木人工林是我国亚热带地区最重要的人工用材林之一。但是，由于高度集约经营以及不合理的营林和耕作措施，兼之该树种特有的生物学特性，随着杉木人工林连栽代数的增加，出现了严重的地力衰退、林地生产力下降等现象。土壤有机质是影响林分生产力与土壤肥力的重要因素，是土壤生态过程的主要驱动力。杉木多代连栽后导致土壤有机质含量下降。陈楚莹等（2000）研究发现，二、三代纯林土壤中的胡敏酸含量及土壤腐殖化程度均低于一代纯林，其土壤腐殖质含量分别为一代的83.8%和66.3%。杨玉盛等（2001）的试验结果显示，三代杉木林表层土壤有机质含量分别比杂木林、一代和二代杉木林的下降48.03%、18.38%和11.49%，

④本节原载于《Journal of Environmental Sciences》2009年第3期，现引入地带性常绿阔叶林观测数据进行横向对比分析，从而更为全面地把握森林变化对土壤碳库的影响。本节作者还有中国科学院沈阳应用生态研究所研究员汪思龙。

说明从杉木林（一代）取代杂木林以及随着连栽代数增加，土壤有机质和胡敏酸含量急剧减少。但是，对杉木人工林连栽过程中，土壤有机碳稳定性变化的研究报道较少。

土壤有机碳在全球碳循环中的作用在很大程度上取决于土壤有机碳的稳定性及其对微生物的有效性。土壤有机碳的生化质量是土壤有机碳能够被土壤微生物分解利用的能力（Rovira and Vallejo，2002）。其生化质量越高，土壤微生物活性也就越高，土壤有机碳分解就越快。但如何评价土壤有机碳的生化质量，学术界并未达成共识。传统的腐殖质分组方法（Stevenson，1994）比较费时，而且得到的组分不能很好地反映其生态功能。^{13}C 核磁共振等先进技术在了解土壤有机碳的结构特征方面发挥了重要作用(Golchin et al.， 1994a),但要量化有机碳的质量还需要相当复杂的过程。Oades 等（1970）提出了采用酸水解法来评价土壤有机碳的生化特征，并以顽固性组分与总有机碳的比值（RI_C）作为有机碳质量的指标。近年来，这一方法在生态学研究中得到广泛的应用(Rovira and Vallejo, 2002, 2003,2007；王刚等,2004)。Rovira 和 Vallejo（2002，2007）通过研究证实 H_2SO_4 水解法可以简单、有效地用于森林土壤有机碳生化质量的评价。但这一方法能否反映森林类型变化过程以及管理措施引起的有机碳生化质量的变化尚不明确。此外，目前还很少有关于土壤微生物特征与 H_2SO_4 水解法所反映的有机碳生化质量之间的关系的报道。

因此，本研究通过对不同连栽代数杉木人工林土壤有机碳库的分析，探讨杉木人工林取代常绿阔叶林及其多代连栽如何影响总有机碳在各碳库中的分配，以及对土壤有机碳生化特征和微生物特征的影响，进而评价这一过程中土壤有机碳稳定性的变化；通过分析 H_2SO_4 水解法得到的有机碳生化特征量化指标与土壤微生物特征之间的关系，进一步明确其作为有机碳生化质量评价方法的潜力。

1. 研究方法

1）研究样地概况

试验样地选择湖南会同县林区立地条件和发育阶段相似的第 1 代（FCF）、第 2 代（SCF）、第 3 代杉木人工纯林（TCF）和常绿阔叶林（NBF）。每一种林分类型选择 3 个林地作为重复。林地基本概况见表 1-10、表 1-11。

表 1-10　研究样地的立地条件及其林龄

林分类型 Stand type		海拔 Altitude /m	纬度 Latitude	经度 Longitude	坡向 Slope position	林龄 Age / 年
NBF	Ⅰ	368	27° 1′ 48.0″	109° 45′ 12.1″	NW20°	> 30
	Ⅱ	364	26° 50′ 47.8″	109° 36′ 42.2″	NW40°	> 30
	Ⅲ	340	26° 48′ 52.9″	109° 48′ 37.5″	NW10°	> 30
FCF	Ⅰ	364	26° 46′ 58.7″	109° 41′ 44.6″	NE40°	17
	Ⅱ	321	26° 46′ 45.7″	109° 39′ 6.4″	ES20°	14
	Ⅲ	336	26° 46′ 49.0″	109° 39′ 12.2″	NW30°	14
SCF	Ⅰ	310	26° 47′ 7.4″	109° 35′ 55.6″	EN25°	18
	Ⅱ	321	26° 47′ 7.9″	109° 35′ 53.8″	EN15°	18
	Ⅲ	431	26° 50′ 55.3″	109° 36′ 29.1″	EN18°	16
TCF	Ⅰ	390	26° 50′ 34.4″	109° 42′ 00″	EN10°	18
	Ⅱ	390	26° 50′ 20.8″	109° 41′ 41.6″	SE20°	18
	Ⅲ	362	26° 50′ 58.5″	109° 41′ 34.3″	SE20°	14

表 1-11　研究样地的土壤理化性质　(0 ~ 20 cm)

林分类型 Stand type		pH 值	容重 Bulk density / (g · cm^{-3})	全氮 Total N / (g · kg^{-1})	全钾 Total K / (g · kg^{-1})	全磷 Total P / (g · kg^{-1})	砂粒 (2 ~ 0.05 mm) Sand /%	粉粒 (0.05 ~ 0.002 mm) Silt /%	黏粒 (< 0.002 mm) Clay/%
NBF	Ⅰ	4.27	1.18	2.14	15.62	0.184	10.12	43.65	46.23
	Ⅱ	4.22	1.11	2.68	13.76	0.239	6.90	43.45	49.65
	Ⅲ	4.25	1.25	2.25	13.83	0.216	7.85	43.32	48.83
FCF	Ⅰ	4.86	1.03	1.81	11.27	0.128	8.43	41.53	50.04
	Ⅱ	4.46	1.15	1.87	12.05	0.137	7.80	39.83	52.37
	Ⅲ	4.32	1.27	1.74	11.63	0.144	9.15	34.42	56.43
SCF	Ⅰ	4.59	1.25	1.52	11.83	0.122	8.63	42.06	49.31
	Ⅱ	4.66	1.19	1.38	10.56	0.115	10.28	43.62	46.10
	Ⅲ	4.63	1.25	1.45	10.76	0.117	7.32	47.31	45.37
TCF	Ⅰ	4.68	1.32	1.11	9.57	0.094	7.54	44.95	47.51
	Ⅱ	4.56	1.30	1.31	10.15	0.119	8.04	41.20	50.76
	Ⅲ	4.65	1.27	1.12	10.72	0.104	8.66	38.31	53.03

2）土壤样品采集与处理

试验中所用土壤分 0 ～ 10 cm 和 10 ～ 20 cm 取样。每一样地随机选取 20 个采样点，去除地表凋落物层后，用直径为 4.5 cm 的土钻取样，将各采样点所取土样剔除植物根系和残体后均匀混合成一个土样，将土样分为两部分，一部分新鲜土样过 2 mm 筛后放置于冰箱中（3 ～ 4℃）供测定土壤微生物生物量、水溶性有机碳和土壤矿化，另一部分土壤风干后过 2 mm 和 0.25 mm 土筛，供分析热水浸提有机碳和碳水化合物、不同密度组分有机碳、土壤总有机碳和顽固性指数等。

3） 测定方法

（1）土壤总有机碳和活性有机碳

水溶性有机碳(Water-soluble organic carbon, WSOC)按McGill等(1986)的方法进行测定，操作过程为：取一定量的新鲜土加入去离子水（水土比为2.5∶1）后，振荡30 min并离心10 min（转速为4 000 $r \cdot min^{-1}$），再用孔径为0.45μm的玻璃纤维滤纸抽滤，滤液中的有机碳用Elementar High TOC Ⅱ +N仪测定。

土壤微生物量碳(Soil microbial biomass carbon, MBC)测定采用氯仿熏蒸-K_2SO_4浸提法(Brookes et al., 1985; Vance et al., 1987; Wu et al., 1990)。测定步骤 将需要测定的土壤调节到田间持水量的60%～70%，称取每个待测样品约35 g湿润土壤（相当于25 g干土重）6份，3份用于氯仿熏蒸，3份不熏蒸，分别放在100 mL烧杯中，然后放在一个密闭容器内，在25℃下预培养7～15 d，密闭容器内放1～3小烧杯清水和1～3小烧杯1 $mol \cdot L^{-1}$ NaOH溶液以吸收土壤呼吸产生的CO_2，并保持相对湿度为100%。培养结束后，将熏蒸的样品放入干燥器内，干燥器底部放几张水湿润的滤纸，同时放盛有去乙醇氯仿的烧杯2～3个，烧杯内放入抗爆沸的玻璃珠颗粒，同时放入一小烧杯稀NaOH溶液以吸收熏蒸期间释放出来的CO_2，干燥器底部还放入少量水以保持湿度。用凡士林密封干燥器，然后用真空泵在 - 0.07 MPa真空度下使氯仿剧烈沸腾3～5 min。关闭真空干燥器阀门，于25℃黑暗条件下熏蒸24 h。熏蒸结束后，打开干燥器阀门时，由于空气进入应该有明显的声音；否则，意味着抽真空不够或漏气，应重新进行熏蒸。取出土壤和氯仿，将装土壤的烧杯转入清洁真空干燥器，同上反复抽真空（ - 0.07MPa）直到土壤无氯仿味为止。熏蒸的土样除去氯仿后立即提取，将烧杯中土壤全部转移到250 mL三角瓶中，加入100 mL K_2SO_4 (0.5 $mol \cdot L^{-1}$)溶液，在振荡机上振荡、浸提30 min(300 $r \cdot min^{-1}$)，然后过滤。不熏蒸的土壤样品，不经过氯仿熏蒸处理直接浸提。吸取10.0 mL土壤浸提液于150 mL消化管（24mm × 295 mm）中，准确加入10.0 mL 0.018 $mol \cdot L^{-1}$ $K_2Cr_2O_7$ -12 $mol \cdot L^{-1}$ H_2SO_4溶液，再加入3～4片经浓盐酸溶液浸泡过夜后洗涤烘干的瓷片，混匀后置于175±1℃磷酸浴中煮沸10 min(消化管放入前磷酸浴温度应调节到179℃左右，放入后恰好为所需温度)。冷却后无损地转移到150 mL三角瓶中，用蒸馏水洗涤消化管数次使溶液体积约为80 mL，加入1滴邻啡罗啉指示剂，用0.05 $mol \cdot L^{-1}$硫酸亚铁标准溶液滴定，溶液颜色由橙黄色变为蓝绿色，再变为棕红色即达到滴定终点。

$$\text{浸提的土壤有机碳量}(mg\ C \cdot kg^{-1}) = [0.012 / 4 \times 10^6 \times M \times (V_0 - V) \times f] / W$$

式中：M为$FeSO_4$溶液浓度($mol \cdot L^{-1}$)；V_0、V分别为空白和样品消耗的$FeSO_4$溶液体积(mL)；

f 为稀释倍数；W 为烘干土质量（g）；0.012 为碳毫摩尔质量（g）；10^6 为换算系数。土壤微生物量碳：MBC = EC / k_{EC}。式中：EC = 熏蒸土壤浸提的有机碳－不熏蒸土壤浸提的有机碳；k_{EC} 为所浸提并测定出来的微生物生物量碳占土壤微生物生物量碳的比例，亦即浸提效率，也称转换系数，取值 0.38（Vance et al.，1987）。

热水浸提有机碳和碳水化合物按 Haynes 和 Francis（1993）的方法测定，操作过程为：称取一定量的风干土 3g，加入 30mL 去离子水，在 80℃下培养 16 h 后用孔径为 0.45 μm 的玻璃纤维滤纸抽滤。将滤液分成两部分，一部分用 Elementar High TOC Ⅱ +N 仪测定有机碳含量，即为热水浸提有机碳（hot water-extractable C, HWC）；另一部分采用苯酚 - 硫酸法（Safarik and Santruckov, 1992）测定其碳水化合物含量，即为热水浸提碳水化合物（Hot-water extractable carbohydrate-C, HWcC）。

土壤总有机碳（SOC）采用重铬酸钾加热法测定；土壤全氮采用凯氏法；全磷采用酸溶（硫酸＋高氯酸）- 钼锑比色法；全钾采用酸溶（轻氟酸＋高氯酸）- 比色法测定；pH 值采用电位法测定；土壤容重采用环刀法测定（鲁如坤，2000）。

（2）H_2SO_4 水解

按照 Rovira 和 Vallejo（2002）的酸水解法测定土壤有机碳生化特征，并将其区分为活性库Ⅰ（Labile Pool Ⅰ，LP Ⅰ）、活性库Ⅱ（Labile Pool Ⅱ，LP Ⅱ）以及顽固性组分（recalcitrant fraction, RF）。具体操作过程为：将研细的土样 500 mg 放入可离心的硬质试管中，加入 2.5 mol·L^{-1} H_2SO_4 20 mL，摇匀，然后加盖，放入 100℃的沸水浴中 30 min，取出后稍冷却即离心，离心后吸出水解液，再加入 20 mL 蒸馏水，混匀后离心，洗液加到水解液中，这部分水解液即为活性库Ⅰ（LP Ⅰ）。试管中没水解的剩余物 60℃烘干，加 13 mol·L^{-1} H_2SO_4 2 mL，振荡过夜，然后加水稀释该酸到 1 mol·L^{-1}，在 100℃的沸水浴中放置 3 h，依上述方法收回水解液，这部分水解液即为活性库Ⅱ（LP Ⅱ）。之后，将试管中剩余的土样转移到提前称重的坩埚中，60℃下烘干至恒重，这部分即为顽固性组分（RF）。该组分被研磨后过 0.25 mm 土筛，采用重铬酸钾加热法测定各组分的总有机碳含量，并通过下式计算顽固性碳指数（recalcitrant index, RI_C）：RI_C （%） = （顽固性碳含量 / 总有机碳含量）×100。

用苯酚 - 硫酸法（文启孝，1984；Safarik and Santruckova, 1992）测定 LP Ⅰ和 LP Ⅱ的总碳水化合物含量，LP Ⅰ + LP Ⅱ为该组分的总碳水化合物含量，为获得碳水化合物 - 碳含量，我们以葡萄糖的重量 /C=2.5 为标准，本研究中碳水化合物含量即碳水化合物 - 碳含量。为了避免 Fe^{3+} 的干扰，水解液先用无水 Na_2CO_3 中和，再通过离心沉淀氧化铁（Martens and Frankenberger, 1993）。

（3）不同密度组分有机碳

按照Golchin等（1994a）的方法，依物理保护程度不同，将有机碳分成 3 类 没有保护的（没经过超声波提取的自由轻组）、闭合的（经超声波后提取的轻组）和保护的（经超声波后保留的重组）。分级程序如下：①过 2 mm 筛的风干土样 20 g，放入 200 mL 的离心试管中，加入比重为 1.8 g·mL^{-1} 的 NaI 溶液 100 mL，将试管轻轻用手摇动（避免强烈振荡），然后静置过夜。将悬浮物离心（3 500 r·min^{-1}，15 min）后收回（抽吸方式），再将抽吸的悬浮液倒入装有玻璃纤维滤纸（0.45 μm）的滤斗中抽气过滤，将滤纸上的物质用至少 500 mL 蒸馏水洗涤后，将滤纸上的物质水洗到提前称重的 50mL 烧杯中。之后，再向离心管加 100 mL 比重为 1.8 g/mL^{-1} 的 NaI 溶液，重复上述过程，将 2 次的提取物混合，静置 24 h，在 60℃烘 72h 后称重，该组分即为自由轻组（FLF）。②将 100 mL NaI（1.8 g·mL^{-1}）加入离心试管的剩余物中，充分振荡，然后用超声波细胞粉碎仪在 100 W 条件下分散 15 min，静置 4 h 后离心，离心和过滤均按上面描述的那样重复 2 遍，收回的组分即为闭合组分（OLF）。③在试管中的剩余物中加 100 mL 蒸馏水，振荡 20 min，在 4 000 r·min^{-1} 条件下离心 20 min，弃去上清液，重复洗涤 3 次，60℃下烘至恒重后称重，该组分即为重组（HF）。各组分研细后过 0.25 mm 土筛，采用重铬酸钾加热法测定各组分的总有机碳含量。

（4）CO_2-C 的矿化

CO_2-C 的矿化采用密闭培养-NaOH 吸收法测定（Goyal et al., 1999）。称取 100 g 新鲜土壤于 1 000 mL 密闭性良好的培养瓶（配有外盖）中，并将土壤平铺在瓶底。轻轻地将一个装有 10 mL 0.1 mol·L^{-1} NaOH 溶液 的 60 mL 小广口瓶放在培养瓶内的土壤上，迅速将大培养瓶加盖并密封好，置于 28℃的培养箱中培养，并设空白。分别在培养 1d、3d、5d、8d、15d、25d、35d、43d 和 53d 后置换新的 NaOH 溶液，并打开外盖几分钟，以使土壤样品补充足够的 O_2。土壤矿化产生的 CO_2 被 NaOH 溶液吸收，用 0.05 mol·L^{-1} 的 HCl 滴定多余的碱液并计算土壤释放的 CO_2 量。计算公式如下：

$$CO_2\ (\mathrm{mg \cdot kg^{-1}}) = (V_0 - V) \times C \times 0.022 \times 10^6 / M$$

式中 V_0——空白滴定时消耗标准盐酸的体积，mL；

V——样品滴定时消耗标准盐酸的体积，mL；

C——标准盐酸的浓度，mol·L^{-1}；

M——土壤质量（烘干基），g。

（5）土壤基本性状分析

土壤全氮采用凯氏法测定；全磷采用酸溶（硫酸＋高氯酸）－钼锑比色法测定；全钾采用

酸溶（轻氟酸＋高氯酸）- 比色法测定；pH 值采用电位法测定；土壤容重采用环刀法测定；土壤机械组成采用比重计法测定（鲁如坤，2000）。

（6）数据处理

土壤累积矿化 C 量为各次测定的土壤释放出来的 CO_2-C 的总和（以单位干土重量表示）。采用一级动力学方程进行模拟。方程如下：

$$Cm = Co\ [1 - Exp\ (-kt)\ ]$$

其中，Cm 为 t 时间矿化释放出来的 CO_2-C 量（CO_2-C mg • kg^{-1}soil），Co 为土壤潜在矿化有机碳量（CO_2-C mg • kg^{-1}soil），k 为矿化速率常数（d^{-1}）。另外，Cok 表示碳潜在起始矿化速率（mgC $kg^{-1}d^{-1}$）。

呼吸熵（qCO_2）为培养期间，单位时间土壤呼吸与微生物生物量碳的比值，用 mg CO_2-C h^{-1} kg^{-1}Cmic 表示；微生物熵（Cmic/Corg）为土壤微生物生物量碳与土壤总有机碳的比值。基础呼吸（BR）为培养期间每 kg 土壤平均每天的碳矿化量（Nannipieri et al., 1990）。

根据野外调查观测资料和实验室内的分析资料，用 EXCEL 数据处理软件和 SPSS 统计分析软件进行数据处理分析。其中，数据进行 One-way ANOVA 方差分析，并用 LSD 多重比较法进行差异显著性分析，相关性分析采用 Pearson 检验法。

2. 结果与分析

1）土壤总有机碳的变化

由图 1-3 可以看出，地带性常绿阔叶林转变为杉木纯林以后，土壤总有机碳含量有所下降，并且随着杉木连栽代数的增加而逐渐降低。1 ～ 3 代杉木纯林 0 ～ 10 cm 层土壤总有机碳分别比常绿阔叶林降低了 14.6%、26.8% 和 28.6%，10 ～ 20 cm 层变化较小，分别降低了 7.9%、8.6% 和 9.6%。其中，第二代和第三代杉木纯林之间没有显著差异。

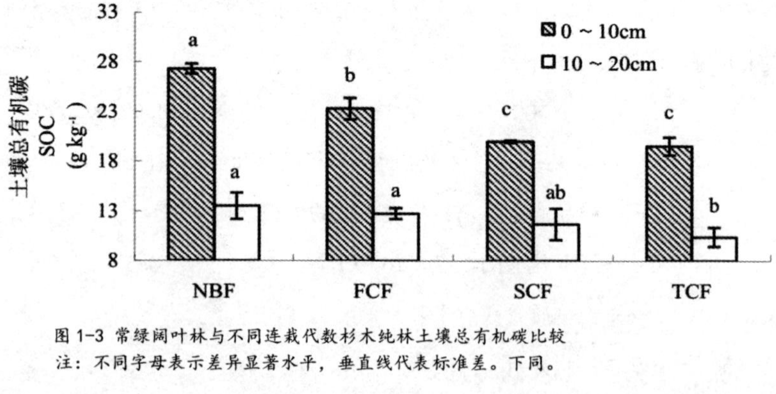

图 1-3 常绿阔叶林与不同连栽代数杉木纯林土壤总有机碳比较

注：不同字母表示差异显著水平，垂直线代表标准差。下同。

2）土壤溶解性有机碳的变化

如图 1-4 所示，在 0 ～ 10cm 土层，从常绿阔叶林到第二代杉木纯林的转变过程中，土壤 WSOC、HWC 和 HWcC 均呈下降趋势，而第三代杉木纯林与第二代相比，HWcC 明显增加，WSOC 和 HWC 略有上升，但差异不显著。在 10 ～ 20 cm 土层，1 ～ 3 代杉木人工林土壤溶解性有机碳含量均明显低于常绿阔叶林土壤；但是，WSOC 含量随着杉木连栽代数的增加而升高；HWcC 的含量则相反，即随着连栽代数的增加而降低；HWC 无明显变化。

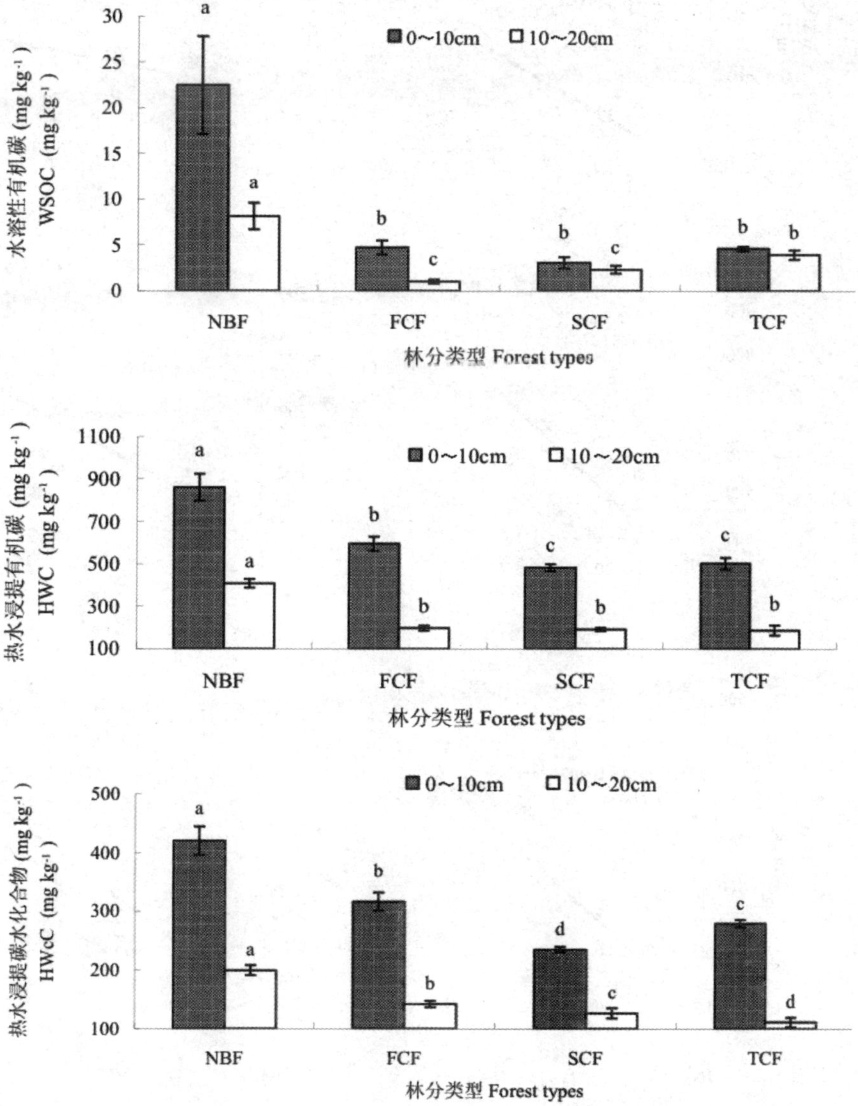

图 1-4 常绿阔叶林与不同连栽代数杉木纯林土壤溶解性有机碳比较

由图 1-5 可知，在 0 ～ 10 cm 层，土壤总有机碳含量与 WSOC、HWC 和 HWcC 含量均极显著正相关（$P < 0.001$），这说明了在该层森林土壤总有机碳含量与各溶解性有机碳含量关系密切。但在 10 ～ 20 cm 层，土壤总有机碳与 HWC 和 HWcC 显著正相关（$P < 0.05$），与水溶性有机碳相关性不显著，这可能是由于该层土壤中的水溶性有机碳相当一部分来自表层土壤所致。

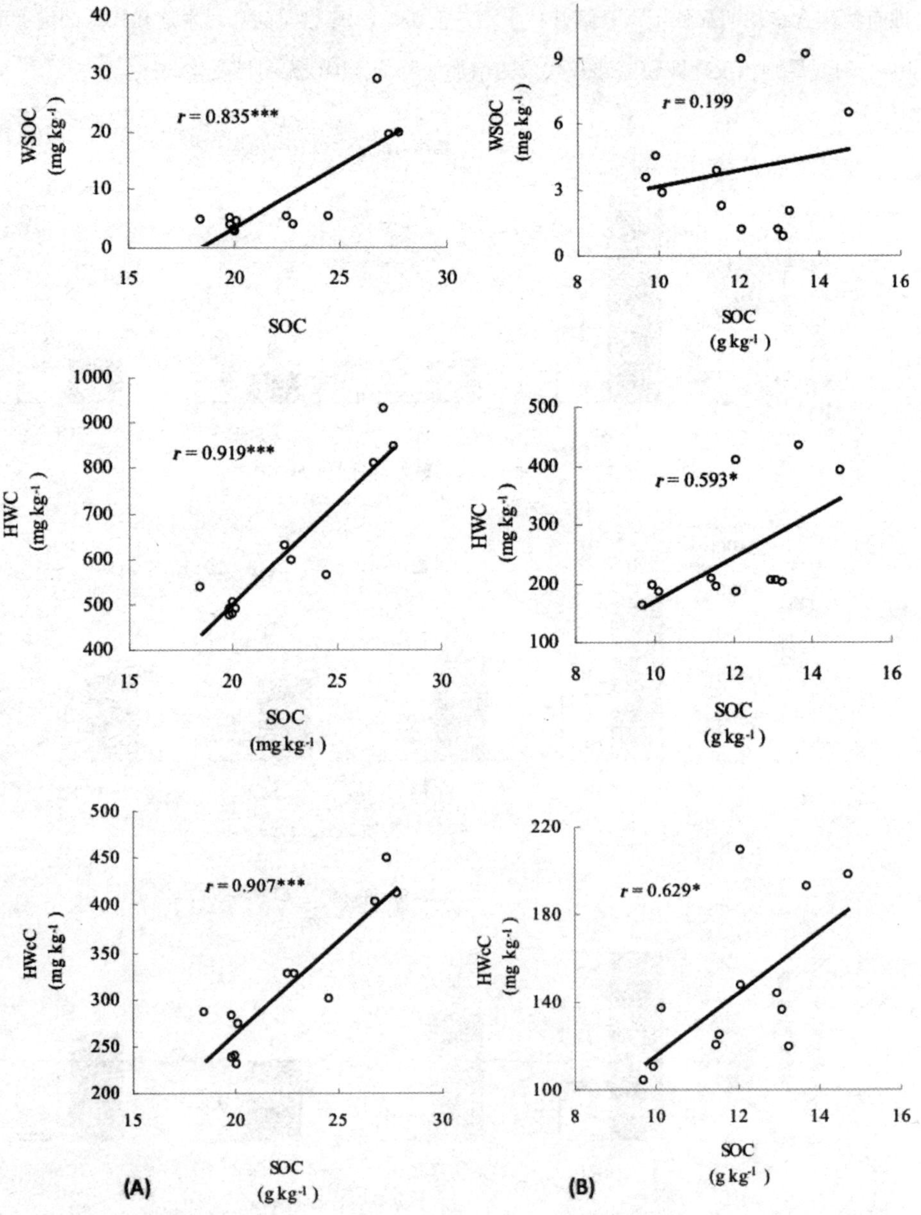

图 1-5　水溶性有机碳、热水浸提有机碳和碳水化合物与总有机碳之间的相关性 （n=12）

注：（A）为 0 ～ 10 cm 层，（B）为 10 ～ 120 cm 层；*、*** 分别代表 $P < 0.05$、$P < 0.001$ 水平上显著相关。

3）土壤微生物特征的变化

（1）土壤微生物量碳

第一代杉木人工林取代常绿阔叶林后，土壤 MBC 含量明显降低（图 1-6）。而后，随着杉木连栽代数的增加，土壤 MBC 也逐渐减少，但在 10 ～ 20 cm 层，二代和三代杉木纯林之间没有显著差异。土壤微生物熵是土壤微生物生物量碳与总有机碳的比值，能够反映土壤有机碳对微生物的有效性。如表 1-12 所示，在 0 ～ 10 cm 层，不同林地土壤微生物熵表现为常绿阔叶林 ＞ 一代杉木纯林 ＞ 二代杉木纯林 ＞ 三代杉木纯林，二代和三代纯林之间没有显著差异；在 10 ～ 20 cm 层，一代杉木纯林取代常绿阔叶林后，土壤微生物熵有所降低，但变化不显著，1 ～ 3 代杉木纯林之间也没有显著差异，但二代和三代杉木纯林土壤微生物熵则明显低于常绿阔叶林。

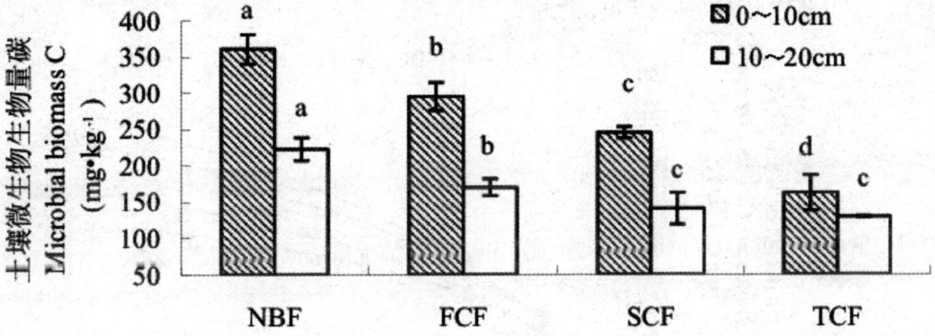

图 1-6 常绿阔叶林与不同连栽代数杉木纯林土壤微生物生物量碳比较

表 1-12 常绿阔叶林与连栽杉木纯林林地呼吸熵、土壤微生物熵、基础呼吸以及碳矿化动力学参数

林分类型 Stand Type		呼吸熵 qCO_2 (μg C mg⁻¹ Cmic h⁻¹)	微生物熵 Cmic/Corg (%)	基础呼吸 BR (μg C g⁻¹d⁻¹)	Co (mg · kg⁻¹)	k (d⁻¹)	Co k (mg C kg⁻¹ d⁻¹)	Co/SOC (%)
0~10 cm 土层	NBF	0.268 ± 0.037 b	1.47 ± 0.07 a	2.26 ± 0.19 a	161.5 ± 16.7 a	0.026 ± 0.001 c	4.25 ± 0.31 a	0.59 ± 0.05 a
	FCF	0.278 ± 0.023 b	1.31 ± 0.07 b	2.00 ± 0.08 b	133.8 ± 8.0 b	0.031 ± 0.001 bc	4.17 ± 0.22 a	0.58 ± 0.05 a
	SCF	0.287 ± 0.015 b	1.23 ± 0.04 b	1.61 ± 0.07 c	102.4 ± 7.3 c	0.036 ± 0.005 b	3.62 ± 0.35 b	0.51 ± 0.03 a
	TCF	0.348 ± 0.036 a	0.87 ± 0.12 c	1.32 ± 0.10 d	87.2 ± 6.2 d	0.047 ± 0.002 a	3.61 ± 0.17 b	0.49 ± 0.03 a
10~20 cm 土层	NBF	0.250 ± 0.019 bc	1.29 ± 0.10 a	1.31 ± 0.05 a	78.5 ± 3.8 a	0.044 ± 0.004 b	3.42 ± 0.21 a	0.58 ± 0.05 a
	FCF	0.241 ± 0.005 c	1.12 ± 0.14 ab	0.97 ± 0.05 b	55.5 ± 1.6 b	0.053 ± 0.005a	2.97 ± 0.32 a	0.44 ± 0.01 b
	SCF	0.287 ± 0.030 ab	0.99 ± 0.06 b	0.94 ± 0.04 b	53.7 ± 3.3 b	0.055 ± 0.002 a	2.97 ± 0.14 a	0.47 ± 0.07 b
	TCF	0.293 ± 0.017 a	1.01 ± 0.08 b	0.89 ± 0.05 b	50.3 ± 2.4b	0.059 ± 0.002 a	2.94 ± 0.22 a	0.48 ± 0.04 b

注：同一土层深度同一列中的字母表示 $P < 0.05$ 水平上的差异显著性。

（2）土壤 CO_2-C 矿化动态

不同林地土壤在培养期间有机碳累积矿化量的动态如图 1-6 所示。在 53 d 培养期间，常绿阔叶林土壤碳累积矿化量和基础呼吸（BR）明显高于 1 ～ 3 代杉木纯林土壤（图 1-7、表 1-12）。杉木连栽明显降低了 0 ～ 10 cm 层土壤碳累积矿化量和基础呼吸，而对 10 ～ 20 cm 层土壤并没有显著的影响。呼吸熵（qCO_2 值）是土壤呼吸强度与微生物碳的比值，能够反映土壤微生物对土壤碳的利用效率、土壤生态系统演化过程及其受干扰的程度，这个值越小表明该生态系统越稳定、成熟（Islam and Wei，2000）。常绿阔叶林与一代杉木纯林之间 qCO_2 值变化较小，没有明显差异；随着杉木纯林的多代连栽，qCO_2 值表现为逐渐升高的趋势（表 1-12）。表明连栽杉木人工林生态系统功能处于退化之中。

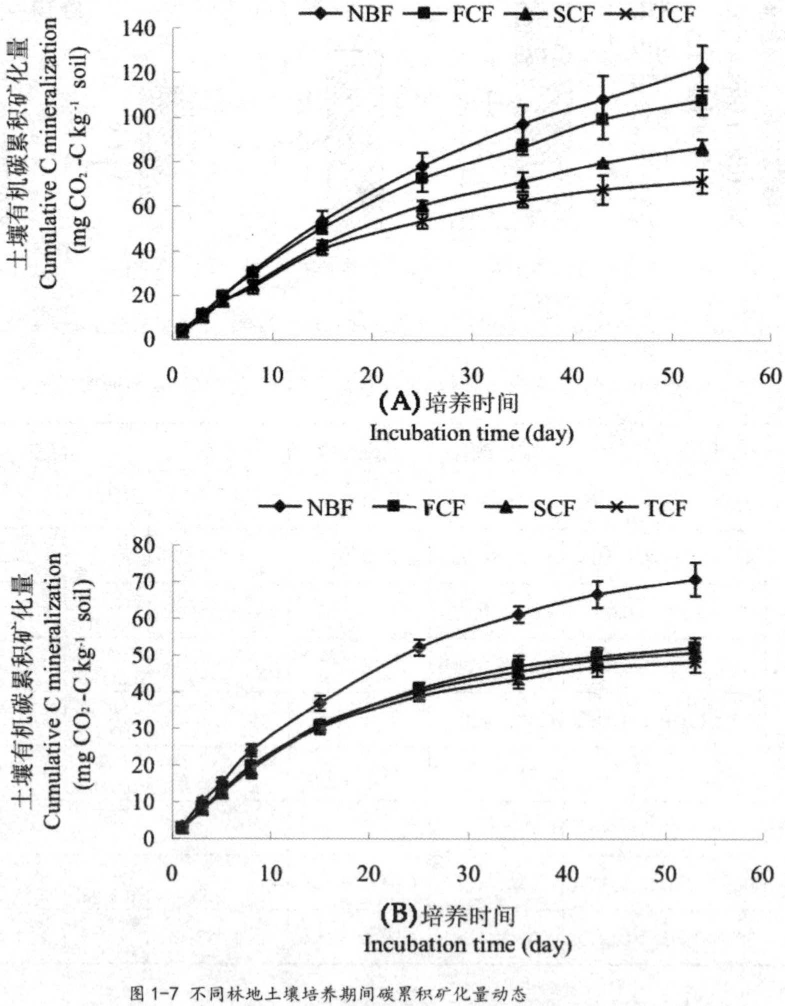

图 1-7 不同林地土壤培养期间碳累积矿化量动态

注：（A）为 0 ～ 10 cm 层，（B）为 10 ～ 20 cm 层。

采用一级动力学方程 $Cm = Co[1 - Exp(-kt)]$ 对不同土壤有机碳矿化产生的 CO_2-C 的累积量与培养时间的曲线进行模拟，可以估算出不同林地土壤潜在可矿化有机碳（Co）、矿化速率常数（k 值）和潜在起始矿化速率（Cok）等动力学参数（表 1-12）。土壤潜在可矿化有机碳含量以常绿阔叶林最高，1 ～ 3 代杉木纯林在 0 ～ 10 cm 层分别比常绿阔叶林降低了 17.2%、56.6% 和 52.2%，在 10 ～ 20 cm 层分别降低了 29.3%、31.6% 和 35.9%。土壤有机碳矿化速率常数表现出与潜在可矿化有机碳相反的变化趋势，即三代杉木纯林土壤 k 值最高。但在 10 ～ 20 cm 层，1 ～ 3 代杉木纯林之间没有统计学上的显著差异。在 0 ～ 10 cm 层，常绿阔叶林和一代杉木纯林土壤碳潜在起始矿化速率明显高于二代和三代杉木纯林；而在 10 ～ 20 cm 层，不同林地土壤碳潜在起始矿化速率没有明显差异（$F = 3.209$, $P > 0.05$）。从潜在可矿化有机碳占土壤总有机碳的比例（Co/SOC）来看，在 0 ～ 10 cm 层，不同林地类型之间差异均不显著；在 10 ～ 20 cm 层，常绿阔叶林明显高于一代杉木纯林，1 ～ 3 代杉木纯林之间无显著差异；此外，0 ～ 10 cm 层潜在可矿化有机碳占土壤总有机碳的比例高于 10 ～ 20 cm 层。

4）土壤有机碳生化特征的变化

采用 H_2SO_4 水解法分析杉木连栽过程中土壤有机碳生化特征的变化。如表 1-13 所示，一代杉木纯林取代常绿阔叶林后，土壤 LP Ⅰ和 LP Ⅱ中碳水化合物含量均在 0 ～ 10 cm 层降低，在 10 ～ 20 cm 层则增加，这可能是由于杉木人工林不合理的经营措施导致土壤物理性质变差，使得 LP Ⅰ和 LP Ⅱ中碳水化合物更容易向下层土壤迁移。杉木纯林连栽过程中，土壤 LP Ⅰ和 LP Ⅱ的变化完全相反，即 LP Ⅰ中碳水化合物含量随着连栽代数的增加而降低，LP Ⅱ中碳水化合物含量随着连栽代数的增加而增加。因此，纤维素占总碳水化合物比例 [LP Ⅱ /（LP Ⅰ + LP Ⅱ）] 也随着连栽代数的增加而递增。常绿阔叶林土壤顽固性碳组分（RF）和有机碳的顽固性指数（RI_C）均明显高于 1 ～ 3 代杉木纯林。其中，顽固性碳含量随着连栽代数的增加而降低，但杉木连栽过程中，土壤有机碳的顽固性指数的变化并不明显，表明与人为干扰相比，植被类型对土壤有机碳顽固性指数的影响更为显著。此外，在同一森林类型中，0 ～ 10 cm 层土壤有机碳的顽固性指数明显高于 10 ～ 20 cm 层土壤。

表 1-13　杉木连栽对土壤有机碳生化特征的影响

林分类型 Stand Type		活性碳库Ⅰ LPⅠ (g·kg^{-1})	活性碳库Ⅱ LPⅡ (g·kg^{-1})	顽固性组分 RF (g·kg^{-1})	顽固性指数 RI_C (%)	LPⅡ/(LPⅠ+LPⅡ)(%)
0～10 cm 土层	NBF	5.86 ± 0.53 a	2.22 ± 0.29 b	13.75 ± 1.37 a	43.0 ± 1.1 a	27.6 ± 4.1 c
	FCF	5.84 ± 0.27 a	1.67 ± 0.10 c	9.87 ± 0.40 b	36.3 ± 0.7 b	23.3 ± 2.1 c
	SCF	3.92 ± 0.08 b	2.27 ± 0.01 b	8.39 ± 0.77 bc	37.4 ± 0.8 b	36.7 ± 0.6 b
	TCF	3.81 ± 0.19 b	2.86 ± 0.16 a	7.98 ± 0.33 c	36.9 ± 0.9 b	42.9 ± 1.9 a
10～20 cm 土层	NBF	3.55 ± 0.30 a	1.33 ± 0.02 c	6.81 ± 0.90 a	38.6 ± 1.9 a	27.4 ± 1.7 b
	FCF	3.88 ± 0.31 a	1.62 ± 0.09 b	5.13 ± 0.23 b	32.9 ± 1.5 b	29.5 ± 1.7 b
	SCF	3.06 ± 0.21 b	1.85 ± 0.05 a	4.69 ± 0.88 b	33.7 ± 2.2 b	37.7 ± 2.2 a
	TCF	2.98 ± 0.06 b	1.91 ± 0.08 a	3.05 ± 0.69 c	33.4 ± 0.9 b	39.1 ± 0.9 a

注：表中的数值为平均值 ± 标准差。同一深度同一列中的字母表示 $P<0.05$ 水平上的差异显著性。

相关性分析结果表明（表 1-14），在不同土层中，土壤顽固性有机碳含量与总有机碳均极显著正相关（$P<0.001$），而纤维素占总碳水化合物的比例与总有机碳含量均显著负相关（$P<0.05$）。表明，土壤顽固性有机碳含量对总有机碳的积累始终具有极为重要的作用，同时，纤维素占总碳水化合物的比例越高越不利于土壤有机碳的积累，这可能是因为纤维素很难被微生物分解利用，其所占的比例大会对微生物的活动产生抑制作用。RI_C 值与总有机碳在 0～10 cm 层极显著正相关，在 10～20 cm 层相关性不显著，说明在 10～20 cm 层土壤有机碳的顽固性可能并不是有机碳保护的主要机制。

表 1-14　土壤有机碳生化特征与总有机碳之间的相关性系数

相关系数 / 指标（行）/ 指标（列）	SOC 0～10 cm 土层	SOC 10～20 cm 土层
LPⅠ	0.841***	0.506
LPⅡ	-0.428	-0.659*
RI_C	0.753**	0.318
RF	0.917***	0.867***
LPⅡ/（LPⅠ+LPⅡ）	-0.650*	-0.664*

注：*、** 和 *** 分别表示 $P<0.05$、$P<0.01$ 和 $P<0.001$ 水平上相关性显著。

5）土壤不同密度组分有机碳的变化

随着常绿阔叶林转变成杉木人工纯林，土壤各密度组分有机碳含量均有所下降，但在 10～20 cm 层，变化的程度很小，没有统计学上的显著差异（图 1-8）。而随着杉木人工林连栽代数的增加，土壤各密度组分有机碳含量也表现出略为降低的趋势。这可能与土壤总有机碳的变化有关，总有机碳与各组分中有机碳数量均呈正相关，但有些组分数据分散导致两者之间的相关性不显著（图 1-9）。

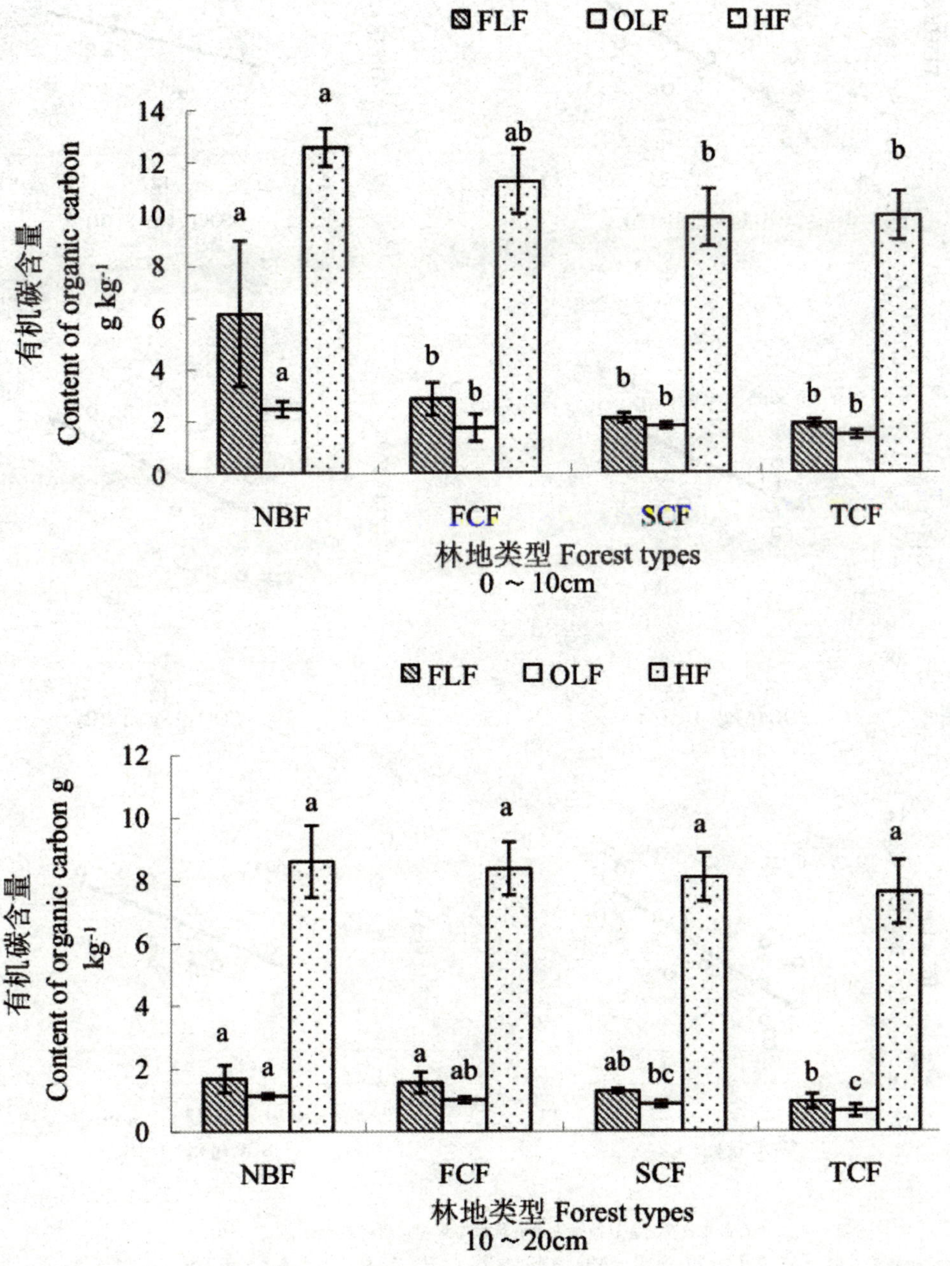

图 1-8 常绿阔叶林与不同连栽代数杉木纯林土壤各密度组分有机碳的比较

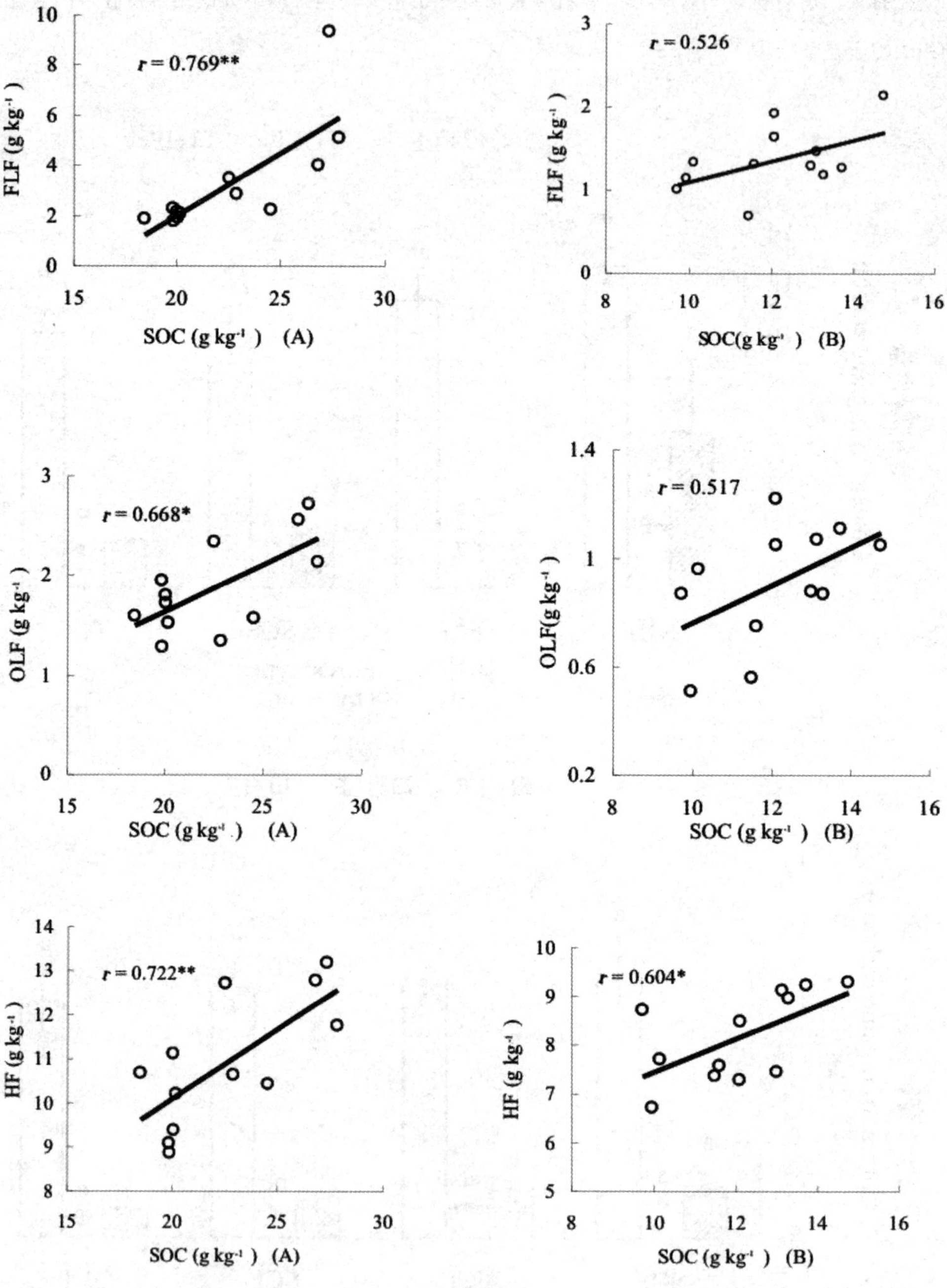

图 1-9 土壤自由轻组、闭合轻组和重组有机碳与总有机碳之间的相关性 （n=12）

注：（A）为 0 ～ 10 cm 层，（B）为 10 ～ 20 cm 层；*、** 分别代表 $P < 0.05$, $P < 0.01$ 水平上显著相关。

在 0 ～ 10 cm 层，自由轻组、重组中有机碳与总有机碳之间均为极显著正相关（$P < 0.01$），闭合轻组有机碳与总有机碳之间呈显著正相关（$P < 0.05$），说明 0 ～ 10 cm 层总有机碳的变化受到各组分中有机碳数量变化的影响（图 1-9）。另外，该层中自由轻组碳与总有机碳间拟合曲线斜率最大且相关系数最高（统一纵坐标后），说明在 0 ～ 10 cm 层自由轻组碳对总有机碳的贡献尤为突出。10 ～ 20 cm 层，重组有机碳与总有机碳之间为显著正相关（$P < 0.05$），而自由轻组和闭合轻组有机碳与总有机碳之间的相关性不显著（$P > 0.05$），说明 10 ～ 20 cm 层土壤总有机碳的变化仅受重组碳数量的影响，自由轻组和闭合轻组碳对总有机碳的影响很小。因此，重组有机碳对土壤总有机碳的动态变化有相当重要的作用，且这种作用在深层土中表现得更为显著。自由轻组有机碳对表层总有机碳的作用很显著，但随着土层深度的增加，这种作用就显得微不足道了。闭合轻组有机碳只在 0 ～ 10 cm 层与总有机碳的数量有关，说明进入闭合组分的有机碳具有很高的随机性。

从总有机碳在各组分中的分布可知，各层中均为重组有机碳占优势，自由轻组次之，闭合轻组中有机碳的分布最少。从常绿阔叶林到三代杉木纯林的转变过程中，土壤自由轻组有机碳占总有机碳的比例逐渐降低，在 0 ～ 10 cm 层由 29.05% 下降为 14.37%，在 10 ～ 20 cm 层由 14.69% 下降为 10.19%；而重组有机碳占总有机碳的比例相应增加，在 0 ～ 10 cm 层由 59.29% 上升为 74.61%，在 10 ～ 20 cm 层由 75.41% 上升为 82.82%；闭合轻组有机碳占总有机碳的比例变化较小。这表明，随着杉木人工林的种植和连栽，土壤有机碳得到了更好的物理保护。另外，从土壤深度分布看，与表层土壤相比，10 ～ 20 cm 层自由轻组和闭合轻组的重要性均下降，重组的重要性逐渐增大。

6）相关性分析

（1）土壤总有机碳与微生物特征之间的关系

土壤总有机碳与土壤微生物特征之间具有很好的相关性（表 1-15），尤其是土壤微生物生物量碳与总有机碳之间在 0 ～ 10 cm 和 10 ～ 20 cm 层均极显著正相关，相关性系数分别为 0.865（$P < 0.001$）和 0.728（$P < 0.01$）。因此，土壤微生物生物量碳可以很好地表征土壤总有机碳的变化。土壤总有机碳与微生物熵、基础呼吸以及潜在可矿化有机碳之间在 0 ～ 10 cm 层极显著正相关（$P < 0.01$ 或 $P < 0.001$），在 10 ～ 20 cm 层相关性降低，但仍显著正相关（$P < 0.05$），这可能是因为深层土壤中可被微生物利用的有机碳部分含量相对减少（表 1-12），表明，土壤微生物的活性不仅与土壤有机碳的数量有关，而且与其质量有关。土壤总有机碳与呼吸熵、矿化速率常数均显著相关，说明土壤有机碳含量越高，生态系统的结构和功能越成熟、稳定。

表 1-15　土壤总有机碳与微生物特征之间的相关系数

相关系数 指标 / 指标	SOC	
	0～10 cm 土层	10～20 cm 土层
MBC	0.865***	0.728**
qCO_2	-0.600*	-0.674*
Cmic/Corg	0.748**	0.607*
BR	0.913***	0.624*
Co	0.921***	0.638*
k	-0.824***	-0.643*

注：*、** 和 *** 分别表示 $P < 0.05$、$P < 0.01$ 和 $P < 0.001$ 水平上相关性显著。

（2）土壤溶解性有机碳与微生物生物量碳之间的关系

土壤 WSOC、HWC 和 HWcC 与各微生物特征参数之间均显著或极显著相关（表 1-16），尤其是 HWC 的相关系数和显著性最高，均达到极显著水平（$P < 0.01$），表明，HWC 可以更好地反映土壤微生物特征的变化。HWC 占总有机碳的比重也与各微生物特征参数极显著相关（$P < 0.01$），HWcC 占总有机碳的比重与微生物特征参数均显著或极显著相关，但显著性水平低于 HWC/SOC，而 WSOC 占总有机碳的比重与各微生物特征参数之间的相关性更差，与潜在起始矿化速率和 *k* 值之间相关性不显著，表明，HWC/SOC 是反映土壤生物活性有机碳库周转的较好指标。

表 1-16　土壤溶解性有机碳与微生物特征之间的相关系数

相关系数 指标 / 指标	HWC	HWcC	WSOC	HWC/SOC	HWcC/SOC	WSOC/SOC
MBC	0.888***	0.863***	0.735***	0.703***	0.555**	0.514*
Co	0.950***	0.934***	0.690***	0.718***	0.576**	0.441*
k	-0.919***	-0.899***	-0.607**	-0.731***	-0.565**	-0.369
Co*k*	0.895***	0.880***	0.571**	0.747***	0.619**	0.370
Co/SOC	0.522**	0.451*	0.489*	0.652***	0.546**	0.557**
BR	0.959***	0.942***	0.667***	0.747***	0.599**	0.424*
Cmic/Corg	0.631**	0.574**	0.628**	0.584**	0.424*	0.538**

注：*、** 和 *** 分别表示 $P < 0.05$、$P < 0.01$ 和 $P < 0.001$ 水平上相关性显著。

（3）土壤有机碳生化特征与微生物特征之间的关系

如表 1-17 所示，在 0～10 cm 层，土壤 LP Ⅰ 中的碳水化合物含量与微生物生物量碳、微生物熵、基础呼吸、潜在起始矿化速率、潜在可矿化有机碳及其占总有机碳的比例均显著或极显著正相关，与呼吸熵和 *k* 值显著或极显著负相关。而在 10～20 cm 层，LP Ⅰ 中的碳水化合物含量只与呼吸熵显著相关（$P < 0.05$），而与其他参数之间的相关性不显著。而 LP Ⅱ 中

的碳水化合物含量与微生物特征之间的相关与LP Ⅰ完全相反，即与呼吸熵和*k*值正相关，与其他参数负相关，且在10～20 cm层的相关性较0～10 cm层更显著。这表明，在0～10 cm层LP Ⅰ中的碳水化合物数量与微生物量及其活性密切相关，成为微生物活动的主要碳源；而在10～20 cm层，土壤微生物的数量和活性主要受到纤维素含量的限制。在0～10 cm和10～20 cm层，纤维素占总碳水化合物的比例均与微生物生物量碳、微生物熵、基础呼吸以及潜在可矿化有机碳含量显著或极显著负相关，与*k*值显著正相关，说明纤维素占总碳水化合物的比例与微生物量及其活性密切相关，能够反映土壤有机碳的生物有效性。

表1-17　土壤有机碳生化特征与微生物特征之间的相关系数

生化特征 \ 相关系数 \ 微生物特征		MBC	qCO_2	Cmic/Corg	BR	Co	*k*	Co*k*	Co/SOC
0～10 cm土层	LP Ⅰ	0.858***	-0.579*	0.767**	0.823**	0.811**	-0.775**	0.716**	0.685*
	LP Ⅱ	-0.635*	0.591*	-0.659*	-0.575	-0.544	0.627*	-0.524	-0.638*
	RI_C	0.689*	-0.503	0.607*	0.592*	0.609*	-0.525	0.423	0.354
	LP Ⅱ/(LP Ⅰ+LP Ⅱ)	-0.783**	0.503	-0.657*	-0.727**	-0.741**	0.636*	-0.615*	-0.720**
10～20 cm土层	LP Ⅰ	0.533	-0.577*	0.470	0.415	0.384	-0.274	0.415	0.059
	LP Ⅱ	-0.901***	0.635*	-0.763**	-0.862***	-0.873***	0.868***	-0.568	-0.553
	RI_C	0.544	-0.182	0.581*	0.642*	0.666*	-0.665*	0.364	0.584*
	LP Ⅱ/(LP Ⅰ+LP Ⅱ)	-0.821**	0.667*	-0.723**	-0.744**	-0.736**	0.680*	-0.558	-0.374

注：*、** 和 *** 分别表示$P<0.05$、$P<0.01$和$P<0.001$水平上相关性显著。

7）杉木人工林土壤C贮量与稳定性

根据土壤单位质量有机碳含量和土壤容重可以计算土壤C贮量。杉木人工林0～20 cm层土壤C贮量平均为39.73 t·hm^{-2}，而常绿阔叶林为48.20 t·hm^{-2}。以全国第六次森林资源清查结果（中华人民共和国林业部，2005），我国现有杉木人工林面积约为8.9×10^6 hm^{2}计算，杉木人工林0～20cm层土壤C贮量为3.5×10^8 t，约占我国森林土壤该层C贮量的5.7%。

此外，从常绿阔叶林至第三代杉木人工林土壤C贮量的变化情况如下：从常绿阔叶林至一代杉木纯林、一代至二代纯林以及二代至三代纯林转变过程中，0～20 cm层土壤C贮量分别下降了6.73 t·hm^{-2}、2.53 t·hm^{-2}和0.17 t·hm^{-2}，它们与前一种林分类型相比，分别降低了14.0%、6.1%和0.4%。即随着连栽代数的增加，土壤C贮量损失的数量和幅度均逐渐降低，表明连栽人工林土壤有机碳稳定性增强。

3. 讨论

1）杉木连栽对土壤总有机碳的影响

本研究结果表明，随着杉木人工林取代常绿阔叶林以及杉木纯林的多代连栽，土壤总有机碳的含量逐渐降低，这与其他人的研究结果一致。Zhang（2004）统计和分析了前人的研究资料，指出二代杉木人工林土壤有机碳比一代平均减少了10%，三代比二代平均减少了15%。Wang 等（2005）报道了，二代杉木纯林总有机碳含量比常绿阔叶林和一代杉木纯林分别降低了 37.0% 和 34.7%。连栽杉木人工林土壤总有机碳的降低，一方面受到地上植被类型的影响，另一方面，与人为干扰有关。在森林生态系统中，凋落物是土壤有机碳最主要的来源。森林植被类型决定了所产生的凋落物的种类、数量和质量。与常绿阔叶林相比，杉木人工林凋落物（包括叶凋落物和细根等）种类单一、数量少而且质量差（陈楚莹等，2000；廖利平等，2000b；Hu et al.，2006）。杉木叶凋落物的C/N比为77.7，比阔叶树种高（如桤木为32.7，刺楸为42.7，木荷为56.7），且养分含量低，分解缓慢（廖利平等，2000b）。因此，杉木人工林通过分解归还到土壤中的有机碳数量少，周期长，导致总有机碳含量低于常绿阔叶林。人为干扰也是导致土壤有机碳降低的重要因素。

传统的杉木人工林经营，在造林前要经历皆伐、炼山、整地等一系列育林过程，使得土壤有机碳大量损失。Yang 等（2005）报道，经过皆伐炼山后两天，次生常绿阔叶林和杉木纯林表层土壤碳含量分别降低了 17% 和 27%，即土壤有机碳在短期内急剧减少。马祥庆等（1997）也发现，炼山在焚烧林地采伐剩余物的同时，直接导致林地有机质损失，0 ～ 10 cm 土层有机质损失6.64%，而炼山后6年林地的有机质流失量达1055.527 kg · hm^{-2}，是不炼山林地的7.0倍。而整地使表层土壤变得比较疏松，一方面为微生物代谢消耗创造了有利条件，另一方面，在林地裸露期间为降雨直接冲刷提供了条件，从而加剧了林地的水土流失，土壤有机质也随之大量流失。此外，翻垦破坏了土壤团聚体的结构，使被其包围的有机碳暴露出来，更容易被微生物分解，降低了有机碳的积累。

2）杉木连栽对土壤溶解性有机碳的影响

森林土壤 WSOC 含量与森林植被种类有很大关系。本研究表明，常绿阔叶林土壤 WSOC 含量明显高于杉木纯林，这与其他人的研究结果（姜培坤，2005；王清奎等，2005a；Wang et al.，2005；Wang and Wang，2007a）一致。Smolander 等（2002）也发现，阔叶林土壤 WSOC 含量明显高于针叶林下土壤，但 David 和 Driscoll（1984）的结论则相反。这可能与研究地区的植被类型及土壤性质的差异有关。由于森林土壤水溶性有机质主要来源于枯枝落叶、根系分泌物和土壤有机质，WSOC 与土壤总有机碳常又处于动态平衡之中，可以在一定条件下相互转化（陶澍和曹军，1996），因而，土壤总有机碳高的土壤，WSOC 含量也常常较高。但本研究中，土壤 WSOC 含量在 0 ～ 10 cm 层三代纯林略高于二代纯林，在 10 ～ 20 cm 层则随着杉木连栽代数的增加而增加，与总有机碳的变化趋势相反，这可能与杉木林土壤中 WSOC 的难降解性有关。Don 和 Kalbitz（2005）分析了几种针叶和阔叶凋落物分解过程中产生的 WSOC 的变化，发现在凋落物分解的初始阶段，随着分解过程的进行，针叶和阔叶产生的 WSOC 数量均明显减少。但是，当针叶凋落物分解量超过 20% 以后，产生的 WSOC 数量有增加的趋势，而阔叶树种并没有这种趋势。这主要是因为针叶凋落物分解过程中产生的 WSOC 更多来源于木质素的芳香族和其他结构复杂的难降解性化合物。此外，杉木林土壤中含有较多的富啡酸和酚类物质（刘长怀和罗汝英，1990），这些有机化合物是土壤水溶性有机酸的重要组成分（Qualls et al.，1991），而这些物质的富集和积累对微生物活动不利（Boyer and Groffman，1996），因此，作为微生物活动重要碳源的 WSOC 被生物耗解相对较少。这些难降解的 WSOC 可能会随着杉木的连栽而在土壤中富集，并容易随土壤水分下渗，导致 10 ～ 20 cm 层土壤 WSOC 总量随着连栽代数的增加而增加，该层土壤 WSOC 与微生物生物量碳相关性降低（表 1-16），也支持了这一推论。

土壤 HWC 是土壤活性碳库的重要组成部分，与土壤有机碳密切相关，并可以作为森林土壤有机碳质量变化的敏感指标（Wang and Wang, 2007）。热水浸提碳水化合物是土壤团聚体的重要胶结剂，与土壤团聚体的稳定性密切相关（Haynes and Beare, 1997）。本研究结果表明，常绿阔叶林土壤 HWC 和 HWcC 均显著高于杉木纯林，这与大多数人（Xu and Xu, 2003；王清奎等，2006；Wang and Wang, 2007）的研究结果一致。杉木连栽导致土壤 HWC 和 HWcC 含量降低，但在 0 ～ 10cm 层，三代杉木纯林高于二代纯林，则可能是三代纯林土壤中难降解性碳水化合物富集的结果。森林土壤 HWC 中，碳水化合物占有很大的比例（Rovira and Vallejo, 2007）。Ghani 等（2000，2003）指出，热水浸提有机碳中 40% ～ 60% 的碳素来自于碳水化合物，本研究中，这一比例为 48% ～ 72%，超出了上述范围。此外，土壤 HWC 和 HWcC 与 MBC 碳之间均极显著正相关（表 1-16），表明，这些组分对微生物有较高的有效性，这与 Fischer（1993）的结论一致。这可能是因为土壤 HWC 中包含很多来自于土壤微生物的有机物质。有研究表明（Haynes and Francis, 1993; Puget et al., 1999），热水浸提的有机碳大部分来自于微生物细胞外多糖。Feller 等（1991）通过透射电镜观察发现，热水浸提有机碳中富含大量来自于微生物的非晶体多糖。

3）杉木连栽对土壤微生物特征的影响

土壤 MBC 是土壤有机碳中最具活性的部分（Haynes, 2000），它与总有机碳的比值，即微生物熵（Cmic/Corg），是土壤质量变化的早期指标，可以预测土壤有机碳的变化及其对微生物的有效性(Anderson and Domsch, 1990; Hernandez et al.， 1997; Balota et al.， 2003),土壤基础呼吸可以指示土壤微生物的总体活性(Nannipieri et al.， 1990)。本研究结果表明,随着杉木纯林取代常绿阔叶林以及杉木的多代连栽，这些指标均表现为逐渐降低的趋势，说明了土壤中可被微生物利用的活性碳库的减少(Joergensen and Scheu, 1999),这一点可以从潜在可矿化碳的含量及其比重的降低得到证实。其他学者对常绿阔叶林和杉木林土壤微生物特征的对比研究也得出了相似的结论(Xu and Xu, 2003;姜培坤,2005; Wang et al.， 2005;王清奎等,2005a; Wang and Wang, 2007）。一般认为，微生物熵的范围在 0.27% ~ 7.0%（Beck, 1984），变化幅度比较大，本研究的 Cmic/Corg 值也在此范围内。

通过一级动力学方程对土壤碳矿化的模拟结果显示，土壤有机碳矿化速率常数（k 值）与潜在矿化碳以及微生物量碳的变化规律相反，即三代杉木纯林土壤 k 值最大，而常绿阔叶林土壤 k 值最小，这与连栽杉木林土壤受干扰程度较大有关。Oyonarte 等（2008）发现，受干扰的土壤中有机碳矿化速率较高，长此以往会导致土壤有机碳的大量损失和微生物活性的降低。Islan 和 Weil（2000）也指出，土壤碳矿化速率越高，表明生态系统功能越不稳定。土壤呼吸熵（qCO_2）能够反映土壤演化或退化过程以及土壤微生物对碳的利用效率（Ren and Stefano, 2000）。土壤微生物对碳的利用效率越高，通过呼吸损失的碳量就越少，qCO_2 值就越低，生态系统越稳定(Behera and Sahani, 2003)。本研究表明,常绿阔叶林 qCO_2 值最低,生态系统最稳定;随着杉木纯林的栽植和连栽，qCO_2 值逐渐增加。说明在这一过程中土壤微生物的生存环境不断恶化,导致微生物和植物根系之间对有限的养分发生激烈竞争(Goberna et al.， 2006)。在这种情况下，大部分碳素被微生物用做维持能量（maintenance energy，维持细胞结构及其完整性所需的能量），而较少用于生物合成和细胞生长（Islam and Wei, 2000）。此外，连栽杉木林土壤中微生物维持能量需求的增加也可能是因为土壤微生物组成的变化，即细菌 / 真菌比值（B/F）增加（Goberna et al.， 2006）。与真菌相比，细菌产生的生物量少，但呼吸速率较快，因此，土壤中 B/F 值的增加，可以促使 qCO_2 值升高（Grayston et al.， 2001）。Hendrix 等（1986）认为，人为干扰可造成土壤食物网结构和功能的变化，在自然生态系统土壤中以真菌为基础的食物网占主导地位，有利于有机质的物理保护和储存；而受干扰的土壤中以细菌为基础的食物网在调节土壤有机质动态中发挥着更大的作用，它对碳的同化效率低，且周转快，不利于有机质的积累。冯宗炜等（1982）和盛炜彤等（2005）分别对湖南和福建连栽杉木林土壤微生物的种类和数量进行了研究，结果表明，随着杉木连栽代数的增加，土壤细菌和真菌微生物的数量均明显降低。

对他们的研究数据进一步分析可以发现，连栽杉木林土壤细菌与真菌生物量比值（B/F）增加。因此，可以认为，在杉木连栽过程中，频繁的人为干扰使得土壤微生物的数量和组成发生变化，微生物对碳的利用效率降低，矿化速率加快，导致土壤有机碳大量损失，生态系统逐步退化。

4）杉木连栽对土壤有机碳生化特征的影响

土壤 LP Ⅰ 包含来自于微生物和植物的非纤维素类多糖，而 LP Ⅱ仅仅由纤维素构成，主要来自于植物残体（Oades et al.，1970）。本研究发现，与常绿阔叶林相比，一代杉木纯林土壤 LP Ⅰ和 LP Ⅱ中碳水化合物的含量均在 0 ~ 10 cm 层降低，在 10 ~ 20 cm 层增加。这可能与水解产物在土壤剖面中的迁移性较强有关（Rovira and Vallejo，2002，2007）。由于杉木造林过程中不合理的育林措施，导致土壤物理性状变差（马祥庆等，1997），水解产物更容易向下层土壤中迁移，使得下层含量增加。此外，随着杉木连栽代数的增加，土壤 LP Ⅰ中的碳水化合物含量逐渐减少，而 LP Ⅱ中碳水化合物的含量（即纤维素含量）逐渐增加。Rovira 和 Vallejo（2002）研究发现，由于纤维素降解产生了单糖和低聚糖，因此，碳水化合物可以从 LP Ⅱ向 LP Ⅰ中转化。而纤维素又是碳水化合物中最难被微生物降解的部分（Minderman，1968）。连栽杉木林土壤由于土壤微生物的数量减少、多样性降低，导致 LP Ⅰ中微生物多糖的含量下降；另一方面，由于微生物活性降低，其分解纤维素的能力较差，LP Ⅱ向 LP Ⅰ中转移的量也相应减少，最终导致 LP Ⅰ减少，LP Ⅱ增加，这可能也是杉木人工林土壤有机碳稳定的主要机制之一。在凋落物分解过程中，纤维素占总碳水化合物的比例逐渐减小，因此，纤维素占总碳水化合物的比例越大，其来自于新鲜植物残体的部分就越多（Rovira and Vallejo，2002）。本研究中，随着杉木连栽代数的增加，土壤纤维素占总碳水化合物的比例逐渐升高，表明连栽土壤中有机残体多处于分解初期或者分解程度较低。

本研究结果表明，一代杉木纯林取代常绿阔叶林后，土壤顽固性碳含量和顽固性指数均下降，这可能是由于人为干扰加快了土壤中稳定性有机碳的周转（Xu and Xu，2003）。杉木连栽尽管减少了土壤顽固性碳的含量，但对顽固性指数的影响很小，表明植被类型可能是影响土壤有机碳顽固性的主导因素。Oyonarte 等（2008）也发现，指示土壤有机碳质量的参数主要与植被类型密切相关，而与土壤环境无关。一般认为，深层土壤有机碳年龄较老，其生化质量会随着土层加深而降低。但本研究中，10 ~ 20 cm 层土壤有机碳顽固性指数低于 0 ~ 10 cm 层，这与 Goh 等（1984）和 Tan 等（2004）的研究结果一致，可能是因为可水解物质比不能水解的物质更容易向深层土壤迁移，从而导致下层土壤有机碳的顽固性指数减小（Goh et al.，1984；Rovira and Vallejo，2007）。

5）土壤有机碳生化特征与微生物特征的关系

土壤微生物利用土壤中相对活性较高的有机碳作为能量来源，因此，土壤微生物的数量和活性与活性碳库的含量密切相关(Francaviglia et al.，2004)。本研究结果表明，在0～10 cm层，LP Ⅰ中的碳水化合物与土壤微生物特征的相关性显著，而在10～20 cm层，LP Ⅱ中的碳水化合物与土壤微生物特征的相关性显著。这可能与深层土壤中有机碳的物理保护作用较强有关(Lützow et al.，2006)。有研究表明(Rovira and Vallejo, 2003)，各组分中自由轻组有机碳的纤维素含量最高，在深层土壤中，由于物理保护作用的加强，自由轻组中的有机碳成为微生物的主要碳源。由于纤维素的抗降解能力较强（Minderman, 1968），因此，LP Ⅱ 与土壤微生物数量和活性呈显著的负相关关系。

以往的研究中，多以顽固性指数（RI_C值）作为评价土壤有机碳生化质量的指标（Oades et al.，1970；王刚等，2004）。即RI_C值越高，土壤有机碳的生化质量越低。但本研究结果显示，RI_C值与微生物熵等反映微生物活性的参数相关性不显著或显著正相关（$P < 0.05$），表明土壤有机碳化学结构并不能完全解释有机碳的质量。而本研究中，纤维素占总碳水化合物的比例与土壤微生物量及其活性指标（如微生物熵、基础呼吸和潜在可矿化碳等）显著负相关，而且比RI_C值与它们之间的相关性更为显著。土壤MBC、微生物熵、基础呼吸和潜在可矿化有机碳含量均已作为反映土壤微生物和有机碳变化的敏感指标(Nannipieri et al.，1990；Hernandez et al.，1997；Liang et al.，1998；Balota et al.，2003)，因此，纤维素占总碳水化合物的比例[LP Ⅱ/（LP Ⅰ+LP Ⅱ）]能够反映不同森林植被以及人为干扰对土壤有机碳质量的影响，可以作为森林土壤有机碳生化质量的有效指标。此外，纤维素占总碳水化合物的比例还与总有机碳显著负相关，这与Rovira和Vallejo（2007）的研究结果基本一致，表明这一比值越低，越有利于土壤微生物的活动，加快土壤有机碳的积累。

6）杉木连栽对土壤各密度组分有机碳的影响

通过密度分组方法将土壤有机碳分成三个物理保护程度不同的碳库：自由轻组有机碳、闭合轻组有机碳和重组有机碳，它们受物理保护程度依次增强(Golchin et al.，1994a, 1994b)。本研究结果表明，随着常绿阔叶林转变成杉木纯林以及杉木的连栽，土壤各密度组分有机碳含量均表现出降低的趋势。王清奎等（2006）也报道了常绿阔叶林土壤各密度组分有机碳含量高于杉木人工林。这主要是由植被类型的差异以及人为干扰引起的。与常绿阔叶林相比，杉木人工林凋落物数量少、质量差，且土壤微生物数量和活性均较低（陈楚莹等，2000；廖利平等，2000b；Hu et al.，2006)，导致土壤总有机碳以及各组分有机碳急剧下降。杉木育林过程中，炼山、整地等不合理的经营措施也是土壤各密度组分有机碳含量下降的主要原因。Dalal和Mayer(1987)发现，土壤轻组有机碳含量极易受到植被类型、土地利用变化和枯枝落叶层类型及其分解的影响，尤其耕作能够减少轻组有机碳含量。Conteh等（1997）也发现天然植被土壤中轻组有机碳含量比耕作土壤中高，认为轻组有机碳变化主要和土壤团聚体关系密切，耕作主要通过减少土壤团聚体的稳定性而改变轻组有机碳含量。Golchin等（1994a，1995）认为，重组碳是由于和黏粒复合而得到保护，而不是由于它本身的顽固性而被保护，如果土壤遭到干扰，这部分碳也会迅速地减少。

随着杉木纯林取代常绿阔叶林以及杉木纯林的连栽，自由轻组占总有机碳的比重逐渐减少，闭合轻组部分所占的比重变化不大，而重组有机碳所占的比重增加，表明随着杉木的连栽，土壤中受物理保护的有机碳所占的比重增加，土壤有机碳的稳定性提高。这可能是因为土壤重组中的有机碳与不同粒级的矿物颗粒紧密结合，形成有机－无机复合体，从而使其矿化速率大为减慢。因此，重组有机碳对土壤管理和土地利用变化的反映比轻组有机碳慢（武天云等，2003）。例如，与常绿阔叶林相比，三代杉木纯林土壤自由轻组、闭合轻组和重组有机碳含量在0～10 cm层分别降低了69.0%、40.8%和21.1%，在10～20 cm层分别降低了44.2%、43.1%和11.6%，重组部分的减少程度远远小于轻组部分。武天云（2003）也报道了，自然灰褐土在开垦42年后，其重组碳下降幅度小于轻组碳，分别下降了60%和91%。因此，重组有机碳反映了土壤保持有机碳的能力。此外，本研究中，10～20 cm层重组有机碳所占的比重大于0～10 cm层，表明，物理保护作用对有机碳稳定的重要性随着土层的加深而增强，这与其他人的研究结果(Six et al.，2002；Lützow et al.，2006；Rovira and Vallejo，2007)一致。Roscoe等(2001)也发现，在南美大草原，随土壤深度的增加，原生植被土壤自由轻组有机碳由38%(0～2 cm层）下降为1.86%（67～110 cm层），重组（黏粒＋粉粒＋沙粒）有机碳由61%上升为98%，闭合组分中有机碳比例约保持在1%左右。

4. 结论

第一，常绿阔叶林土壤总有机碳、溶解性有机碳、MBC、微生物活性以及各密度组分有机碳含量均高于杉木人工林土壤，而呼吸熵和有机碳矿化速率常数低于杉木人工林，表明，常绿阔叶林生态系统结构和功能较杉木人工林稳定。随着杉木纯林的连栽，土壤总有机碳和各密度组分有机碳含量逐渐降低，二代与三代纯林之间差异不显著。三代杉木纯林表层土壤溶解性有机碳含量甚至高于二代纯林，这可能是难降解性有机碳积累的结果。但是，随着连栽代数的增加，土壤微生物量及其活性逐渐降低，土壤微生物呼吸熵以及有机碳矿化速率常数逐渐增加，在三代杉木纯林中变化尤其明显，表明连栽杉木人工林土壤微生物对土壤碳的利用效率降低，土壤质量下降，生态系统处于退化之中。

第二，采用H_2SO_4水解法可以得出纤维素占总碳水化合物的比例 [LP Ⅱ / （LP Ⅰ +LP Ⅱ）]，这一指标与土壤总有机碳、土壤微生物量及其活性指标（如微生物熵、基础呼吸和潜在可矿化碳等）显著负相关，与有机碳矿化速率常数显著正相关，因此，能够反映人为干扰对土壤有机碳质量的影响，可以作为森林土壤有机碳生化质量的有效指标。

第三，常绿阔叶林土壤顽固性碳含量和顽固性指数均高于杉木纯林；随着杉木连栽代数的增加，土壤顽固性碳含量降低，但顽固性指数变化不明显。表明，土壤顽固性指数主要是由植被类型决定的，人为干扰只能影响可水解有机碳在活性碳库（LP Ⅰ和 LP Ⅱ）中的分配。

第四，随着常绿阔叶林转变为杉木纯林以及杉木的连栽，土壤重组有机碳占总有机碳的比重逐渐增加，自由轻组有机碳的比重逐渐降低。说明连栽杉木纯林土壤有机碳得到更好的物理保护，碳库趋于稳定，而且在 10 ～ 20 cm 层物理保护作用比表层土壤更强。

第五，杉木人工林随着连栽代数的增加，土壤 C 贮量下降的数量和幅度均降低，表明其土壤有机碳库趋于稳定。

1.5 不同经营模式对亚热带森林土壤活性碳库的影响⑤

长期以来我国营造的人工林绝大部分是纯林，其中针叶林约占68%以上，亚热带地区比重更高，达95%以上。但是，人工纯林尤其是针叶纯林是脆弱的、不稳定的生态系统，存在许多弊端（冯宗炜等，1982），严重阻碍了人工林的可持续经营和服务功能的发挥。20世纪60年代开始，中国科学院沈阳应用生态研究所对混交林进行了多学科研究，从生长量、生物量、养分消耗与归还、微生物区系等方面进行了全面的探讨，并在广西六万林场对杉木火力楠混交林进行了长达10余年的定位研究（冯宗炜等，1988），结果表明，火力楠和杉木混交可明显提高林地生产力和生态系统功能。随后，许多学者又对针阔混交林生态系统的C、N贮量（黄宇等，2005）、土壤质量（Huang et al.，2004）、凋落物分解（廖利平等，2000c）以及细根周转（廖利平等，1995）等方面进行了深入研究。现已证明采用合理的经营措施和恢复途径如杉阔混交和杉阔轮栽可显著改善土壤养分状况和土壤结构（汪思龙等，2000a，2000b），但有关针阔混交对土壤活性有机碳及其生物有效性影响的系统研究报道较少。

⑤本节原载于《Communications in Soil Science and Plant Analysis》2009年第40卷（第1964-1982页，DOI:10.1080/00103620902896795）和《资源开发与市场》2010年第9期，将二者的研究结果整合，进行综合比对与相关性分析，全面剖析不同经营模式下亚热带森林土壤碳库的差异，从而明确发挥森林碳汇功能的最佳经营模式。

生物活性有机碳是土壤中易被微生物利用和转化的有生命和无生命有机质的多相混合体（Wander et al.，1994）。它的大小和周转对土壤有效养分的含量及其循环和利用具有重要的意义，且与土壤温室气体 CO_2 等的产生直接相关。迄今为止还无法直接测定土壤生物活性有机碳库或潜在矿化性有机碳库（Co）的大小和周转速率（*k*），通常是通过实验室培养或大田试验，并借助生态过程模型来估测；或者是通过测定土壤中一些活性有机质组分作为表征土壤生物活性有机碳库大小的指标，如微生物生物量碳、WSOC、热水提取有机碳、易氧化有机碳等（倪进治等，2001）。Blair 等（1995）运用中等强度的氧化剂（333 mmol·L^{-1} $KMnO_4$ 溶液）所氧化的有机碳来模拟微生物对土壤有机碳的降解，并提出碳库管理指数作为反映土壤碳库质量变化的重要指标。森林土壤退化的核心问题是土壤有机碳组分功能的退化，表现为有机碳含量下降和生物活性降低。因此，在相对较短的时期内，如何提高土壤有机质的生物活性，改善其功能，对于土壤恢复来说至关重要。有人（王清奎等，2007）采用室内培养的方法研究了杉木凋落物与阔叶树叶凋落物混合分解对土壤微生物量碳、呼吸强度以及 WSOC 等活性碳库的影响，但室内培养实验与野外实际情况存在一定差异。例如，室内培养实验所用土壤为过筛土壤，排除了土壤动物的影响；由于土壤 WSOC 在自然状态下具有很强的迁移性，室内培养对揭示土壤活性有机碳的真实反应可能存在一定的局限性。

本节以湖南会同林区地带性常绿阔叶林、杉木纯林（连栽）、火力楠纯林（杉阔轮栽）和杉木火力楠混交林（杉阔混交）为研究对象，通过野外直接取样分析比较不同经营措施土壤各活性有机碳库及其对微生物的有效性，探讨这些活性有机碳库在退化土壤恢复过程中的作用，为杉木人工林的可持续经营提供理论依据。

1. 研究方法

1）研究样地概况

研究样地为中国科学院会同森林生态实验站实验林场内的地带性常绿阔叶林（NBF）和三种人工林，即 1982 年秋第一代人工杉木林皆伐后，1983 年春在皆伐迹地上设置了三种人工林生态系统，即杉木纯林（PCF）、火力楠纯林（PM）以及杉木与火力楠的针阔混交林（MCM）。三种人工林密度均为 2 000 株 / hm^2。针阔混交林内的杉木与阔叶树的比例为 8 ∶ 2。四种林分林地基本概况见表 1-18。

表 1-18　林地基本概况及其土壤基本理化性质

林分类型 Stand Type	pH 值	容重 Bulk density /（$g\cdot cm^{-3}$）	全氮 Total N /（$g\cdot kg^{-1}$）	全磷 Total P /（$g\cdot kg^{-1}$）	全钾 Total K /（$g\cdot kg^{-1}$）	林龄 Age /（年）	海拔 Elevation /（m）
NBF	4.25	1.18	2.36	0.25	20.48	43	391
PCF	4.94	1.27	1.68	0.18	18.58	23	521
PM	4.57	1.09	1.92	0.23	18.92	23	521
MCM	4.91	1.18	1.69	0.23	18.98	23	521

2）样品采集与处理

试验中土壤样品均为表层土壤(0～10 cm)，于2006年夏季采自4种林型。具体采样方法为：每一林地选择3个具有代表性的样地，样地面积为10 m×10 m。在每块样地内随机选取10个点，去除地表凋落物层，然后用直径为4.5 cm的取土钻进行采样，10个点的样组成一个混合土样，下一季节还在原来的采样点附近采样。去掉土壤中可见植物根系和残体。将土样分为两部分，一部分新鲜土样过2 mm筛后放置于冰箱中（3～4℃）供测定土壤微生物生物量、WSOC和矿化培养。另一部分土壤风干后过2 mm和0.25 mm筛，供测定热水浸提有机碳、碳水化合物、易氧化有机碳、总有机碳和其他土壤理化性质。

3）　测定方法

（1）土壤总有机碳和活性有机碳测定

土壤理化性质、总有机碳、水溶性有机碳、微生物生物量碳、热水浸提有机碳和碳水化合物的测定同本书第1.2节。

（2）CO_2-C矿化测定

土壤CO_2-C矿化测定方法同本书第1.4节；测定时间为培养1天、4天、7天、12天、17天、24天、31天、38天、45天和54天后。

（3）易氧化有机碳测定

根据Blair等（1995）的方法，采用$KMnO_4$氧化法测定土壤易氧化有机碳的含量，具体操作步骤为：称量处理约含15 mg有机碳的土样，放在塑料瓶（100 mL）内，用333 $mmol\cdot L^{-1}$ $KMnO_4$溶液25 mL振荡处理1 h，振荡后离心5 min（4 000 $r\cdot min^{-1}$），取上清液，用去离子水按1：250比例稀释，然后用分光光度计在565 nm下比色测定，根据$KMnO_4$浓度的变化计算易氧化有机碳含量，单位$gC\cdot kg^{-1}$（即每kg干土中含易氧化有机碳量）。根据易氧化有机碳和总有机碳计算出土壤碳库管理指数（CMI），计算式为：

$$CMI = CPI \times AI \times 100$$

$$CPI = 样品全C/对照土壤全C$$

$$AI = 样品C库活度/对照土壤C库活度$$

$$A = C_A / C_{UA}$$

$$C_T = C_A + C_{UA}$$

式中，CPI为C库指数，AI为C库活度指数，A为C库活度，C_T为有机碳，C_A为易氧化有机碳，C_{UA}为稳定态有机碳。本研究以受人为干扰较少的常绿阔叶林作为对照土壤进行分析。

2. 结果与讨论

1）不同经营措施对土壤总有机碳的影响

不同林分类型土壤总有机碳含量如表1-19所示，可以看出常绿阔叶林土壤总有机碳含量明显高于三种人工林；人工林中以火力楠纯林最高，杉木纯林与杉木火力楠混交林之间没有显著差异。表明，杉木火力楠混交轮栽可显著提高土壤有机碳总量，而杉木火力楠混交对土壤有机碳总量的影响较小。

表1-19　不同森林植被下土壤总有机碳和可溶性有机碳的比较

林分类型 Forest type	土壤总有机碳 SOC /（g kg^{-1}）	水溶性有机碳 WSOC /（mg kg^{-1}）	热水浸提有机碳 HWC /（mg kg^{-1}）	热水浸提碳水化合物 HWcC /（mg kg^{-1}）	各可溶性有机碳占总有机碳的比重		
					WSOC/SOC (%)	HWC/SOC (%)	HWcC/SOC（%）
NBF	28.76 ± 0.70 a	127.67 ± 3.92 a	1371.79 ± 106.63 a	557.16 ± 21.09 a	0.44 ± 0.02 a	4.77 ± 0.40 a	1.94 ± 0.12 ab
PCF	21.80 ± 0.67 c	35.05 ± 7.35 d	669.60 ± 23.35 d	331.83 ± 17.69 c	0.16 ± 0.03 d	3.07 ± 0.17 c	1.52 ± 0.07 c
PM	24.92 ± 0.40 b	65.53 ± 4.82 c	908.86 ± 31.60 b	444.82 ± 11.91 b	0.26 ± 0.02 c	3.65 ± 0.16 b	1.79 ± 0.07 b
MCM	21.99 ± 0.80 c	89.08 ± 3.29 b	785.67 ± 9.20 c	440.11 ± 10.39 b	0.40 ± 0.01 b	3.58 ± 0.16 b	2.00 ± 0.12 a

注：表中的数值为平均值 ± 标准差。同一列中的字母表示 $P < 0.05$ 水平上的差异显著性。

土壤有机碳的变化一方面受到人为干扰的影响，另一方面也与植被类型的差异有关。人工林经营过程中的采伐、炼山、整地等措施导致土壤有机碳含量急剧下降(Neary et al., 1999; Yang et al., 2003, 2005)。常绿阔叶林由于受到的人为干扰较少，因此，土壤有机碳含量较高。此外，不同森林植被输入到土壤中的凋落物的数量和质量的差异也是导致土壤有机碳变化的主要原因。针叶树种凋落物C/N高（廖利平等，2000b），难降解有机碳的含量大（Don and Kalbitz, 2005），加之数量少（廖利平等，2000a），土壤有机碳积累缓慢。与杉木纯林相比，杉木火力楠混交林尽管对土壤有机碳的增加有一定的促进作用，但效果并不明显，这与 Huang 等（2004）的研究结果一致。Montagnini（2000）对热带地区人工林的研究结果也表明，人工纯林和混交林之间土壤有机碳含量没有明显差异。黄宇等（2004）和 Wang 等（2007b）分别报道了，一代杉木纯林皆伐后，同时营造的二代杉木纯林、杉木桤木(*Alnus cremastogyne*)混交林、杉木刺楸（*Kalopanax septemlobus*）混交林（杉木与阔叶树的比例均为 8 ∶ 2），在十三年和十五年后各林地之间土壤总有机碳含量都没有显著差异。汪思龙等（2000b）研究发现，杉阔混交和杉阔轮栽均加快了 0～20cm 层土壤有机碳的积累速率，土壤活性有机质含量也随之提高。但也有人报道，杉木与观光木混交后土壤有机碳含量明显增加（Zheng and Ding，1998）。

2）不同经营措施对土壤溶解性有机碳的影响

WSOC 在土壤中移动比较快，易氧化分解和矿化，是养分移动的载体因子，对土壤的 C、N、P、S 等的迁移转化起着重要作用，对植物、微生物的活性较高，对土地利用方式变化比较敏感。水溶性有机碳占总有机碳的比例（WSOC/SOC）能更好地反映森林植被对土壤碳行为的影响结果，是土壤生物活性有机碳库周转的重要指标（姜培坤，2005）。本研究中，不同经营措施土壤WSOC 含量及其占总有机碳的比例均表现为常绿阔叶林 ＞ 杉阔混交 ＞ 杉阔轮栽 ＞ 杉木纯林连栽，且具有显著差异，其范围分别为 35.05 ~ 127.67 $mg \cdot kg^{-1}$ 和 0.16% ~ 0.44 %（表 1-19）。表明，杉阔轮栽和杉阔混交均有利于土壤养分的迁移以及稳定性有机碳向 WSOC 的转化，这对林地生产力的提高具有重要意义。凋落物和细根是土壤水溶性有机碳的主要来源(Kalbitz et al.，2005）。一些模拟试验结果表明，火力楠与杉木凋落物混合分解时表现出相互促进的作用（廖利平等，2000c），添加混合叶凋落物土壤中水溶性有机碳含量高于添加纯杉木叶凋落物土壤（王清奎等，2007），而且火力楠细根比杉木细根更显著地增加土壤溶解性有机碳的含量（刘艳等，2007）。凋落物和细根的化学成分可能是导致这一结果的主要原因(Couteaux et al.，1995；Silver and Miya，2001），与杉木凋落物和细根相比，阔叶树凋落物和细根 C/N 小，初始氮含量高，微生物较容易利用，自身分解较快，有利于土壤活性有机碳的积累。

土壤 HWC 是反映森林土壤有机碳质量变化的敏感指标（Wang and Wang，2007）。本研究中土壤 HWC 的含量为 669.60 ~ 1371.79 $mg \cdot kg^{-1}$，其中，以常绿阔叶林土壤最高，杉阔轮栽 ＞ 杉阔混交 ＞ 杉木连栽，且均达到差异显著水平（$P < 0.05$）。土壤热水浸提有机碳占总有机碳的比例（HWC/SOC）也以常绿阔叶林最大，杉木纯林最小，为 3.07%～4.77% 之间，在 Leinweber 等（1995）报道的 3%~5% 的范围内。此外，不同林分类型土壤 HWC 中碳水化合物占 41%~56%，HWcC 与热水浸提有机碳含量的变化规律一致，杉阔混交与杉木轮栽模式之间

差异不显著。但 HWcC 占总有机碳的比例表现为杉阔混交林最高，杉木纯林最低。

森林土壤溶解性有机质主要是以碳水化合物、富啡酸和分子量较小的有机酸为主（陶澍和曹军，1996），刘长怀和罗汝英（1990）的研究发现，杉木林土壤腐殖质含多量富啡酸，酸性大，易分散，这似乎意味着杉木林土壤溶解性有机碳占总有机碳比例应该高于阔叶林。但本研究中，常绿阔叶林和杉木火力楠混交林土壤中溶解性有机碳占总有机碳的比例均明显高于杉木纯林土壤。这是因为溶于水的有机碳除了富啡酸外还有胡敏酸的一价阳离子盐和其他多种有机成分，并且这种比例还受土壤有机物矿化等过程的影响（姜培坤，2005）。王清奎（2006）研究发现，杉阔混交林表层土壤冷水和热水浸提有机碳占总有机碳的比例均明显高于杉木纯林土壤，这与本研究结果一致；但同时发现，常绿阔叶林土壤中冷水浸提有机碳占总有机碳的比例低于杉木纯林，这一结果与本研究相矛盾。这可能与取样地点、时间以及人类活动影响的差异有关。

3）不同经营措施对土壤碳库管理指数的影响

碳库管理指数可以很好地反映土壤养分和碳素的动态变化（沈宏等，2000a；沈红和曹志宏 2000b）。由表 1-20 可以看出，不同经营措施下土壤 A 和 AI 的差异为杉阔轮栽 ≥ 杉阔混交＞ 常绿阔叶林 ≥ 杉木连栽，这可能是因为人为干扰使得杉阔轮栽和杉阔混交模式下土壤中的稳定态有机碳向易氧化碳库中转化，从而提高了 AI；而杉木纯林由于凋落物分解缓慢，易氧化碳库的消耗大于补充，导致其 A 和 AI 值低于其他林地。而土壤 C_A、C_{UA}、CPI 以及 CMI 均以常绿阔叶林最高，以杉木纯林最低。其中，杉阔混交和杉阔轮栽模式下土壤 C_A 含量和 CMI 均显著高于杉木连栽模式，而 C_{UA} 含量则表现为杉阔轮栽 ＞ 杉阔混交 ≥ 杉木连栽。因此，杉阔混交措施主要通过增加土壤 C_A 的含量来提高碳库活度，从而达到提高碳库管理指数和林地生产力的目的，而对稳定态碳含量的影响较小。

表 1-20　不同经营措施下土壤碳库管理指数的比较

林分类型 Forest type	易氧化有机碳 C_A /（g · kg^{-1}）	稳态有机碳 C_{UA} /（g · kg^{-1}）	碳库指数 CPI	碳库活度 A	碳库活度指数 AI	碳库管理指数 CMI
NBF	8.38 a	20.51 a	1.00 a	0.41 bc	1.00 b	100.0 a
PCF	6.08 c	15.53 c	0.75 c	0.39 c	0.96 b	71.6 c
PM	8.06 a	16.87 b	0.86 b	0.47 a	1.15 a	99.2 a
MCM	6.89 b	15.10 c	0.76 c	0.46 ab	1.12 a	85.0 b

注：同一列中的字母表示 $P < 0.05$ 水平上的差异显著性。

4）不同经营措施对土壤微生物特征的影响

（1）土壤微生物生物量碳

不同的经营模式对土壤MBC的影响是非常明显的（表1-21）。常绿阔叶林土壤MBC含量明显高于三种人工林；与杉木纯林比较，微生物碳含量在杉阔混交与杉阔轮栽模式下分别提高了35.4%和78.2%。许多研究也表明（Huang et al.，2004；黄宇等，2004），杉木与阔叶树种混交后，土壤微生物量碳含量明显增加。王清奎等（2007）通过室内模拟试验发现，杉木与阔叶树种混合分解能明显提高土壤微生物量碳的含量。

表1-21　不同经营措施土壤微生物生物量碳、微生物熵、基础呼吸和呼吸熵的比较

林分类型 Forest type	MBC /（mg · kg^{-1}）	Cmic/Corg /（%）	BR /（μg C g^{-1} d^{-1}）	qCO_2 /（mg C g^{-1} biomass C h^{-1}）
NBF	365.35 a	1.27 a	6.65 a	0.77 c
PCF	146.07 d	0.67 c	3.47 c	0.99 a
PM	260.23 b	1.04 b	4.44 b	0.76 c
MCM	197.76 c	0.90 b	3.87 c	0.82 b

注：同一列中的字母表示$P<0.05$水平上的差异显著性。

微生物熵（Cmic/Corg）是土壤有机质变化的一个指示指标，如果土壤退化，微生物量碳下降的速度大于总有机碳的下降，则微生物熵随之降低（Balota et al.，2003）。土壤呼吸强度是衡量土壤微生物活性的一个常用的参数（Hernandez et al.，1997）。本研究中，土壤微生物熵和基础呼吸均以常绿阔叶林最高，杉阔混交与杉阔轮栽模式均高于杉木连栽（表1-21），表明杉阔混交与杉阔轮栽模式下土壤含有更多的易于生物降解的有机质，呼吸强度也随之提高。呼吸熵（qCO_2）可以反映土壤的恢复或退化过程，在一个较稳定和成熟的系统内往往表现出一个较低的值（Ren and Stefano，2000）。如表1-21所示，杉木纯林连栽土壤qCO_2显著高于其他林地，常绿阔叶林和火力楠纯林土壤qCO_2值最低，表明杉木纯林土壤微生物对底物的利用效率最低。这可能是因为杉木纯林土壤中微生物可利用的有机碳很少，对有效底物的竞争导致更多的碳素被微生物用做维持能量以CO_2的形式排放（Islam and Wei，2000）。Anderson和Domsch（1993）报道了水青冈和栎树（Fagus-Quercus）混交林土壤qCO_2值低于水青冈纯林和云杉纯林。其他人（Huang et al.，2004；黄宇等，2004；王清奎，2006）的研究也表明，不同类型的杉阔混交林土壤微生物量碳含量、微生物熵和基础呼吸均高于杉木纯林，而qCO_2值降低。这主要是由不同植被类型之间凋落物的化学结构、组成、根系的分布以及根系活力的差异造成的（Smolander and Kitunen，2002）。Hu等（2006）通过两年的野外模拟培养试验也证实了以上结论。

（2）土壤有机碳矿化动态

本研究比较了杉木人工林不同经营模式下土壤在特定的控制条件下矿化释放的 CO_2 量的动态过程。如图 1-10、图 1-11 所示，在培养期间，不同林地土壤有机碳的累积矿化量和平均日矿化速率均表现为常绿阔叶林 ＞ 杉阔轮栽 ＞ 杉阔混交 ＞ 杉木纯林连栽。在培养初期，由于土壤中易降解有机碳含量高，土壤微生物活动较强，碳矿化速率较高。随着培养时间的延长，土壤碳日矿化速率均下降，从第 17 天至培养结束，日矿化速率的变化趋于稳定。

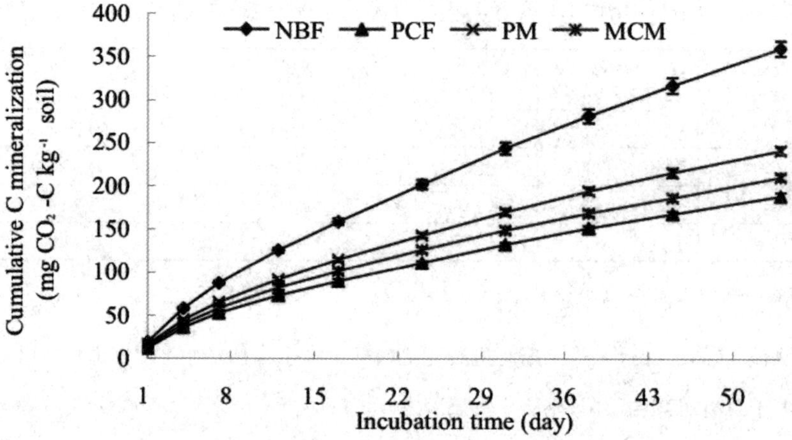

图 1-10 不同经营措施土壤在培养期间碳累积矿化量的动态变化

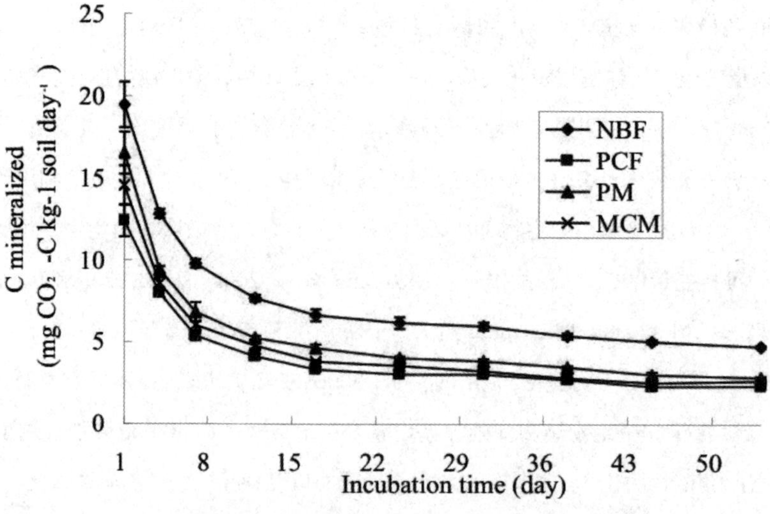

图 1-11 不同经营措施土壤在培养期间有机碳日矿化速率的动态变化

土壤中累积释放的CO_2-C可以用一级反应动力学方程模型来描述。根据一级反应动力学方程计算出潜在可矿化有机碳含量（Co）及其占总有机碳的比例（Co/SOC）、矿化速率常数（k值）、潜在起始矿化速率和有机C的半周转期（$t_{1/2}$，$t_{1/2}=\ln 2/k$）等参数。如表1-22所示，土壤潜在可矿化有机碳库的范围为224.89 ~ 503.50 mg·kg^{-1}，占土壤总有机碳的1.04% ~ 1.70%，潜在起始矿化速率的范围为6.84 ~ 11.48 mg·kg^{-1}d^{-1}。这些参数均以常绿阔叶林土壤最高，杉木纯林土壤最低，这是因为常绿阔叶林土壤中有机碳含量最高，微生物可利用的底物最多。Goberna等（2006）也发现天然植被下土壤潜在可矿化有机碳含量和潜在起始矿化速率高于针叶人工林。本研究中，潜在可矿化有机碳库的矿化速率k值为0.023 ~ 0.033 d^{-1}，但与潜在可矿化碳的变化相反，常绿阔叶林土壤的k值最低，三种人工林经营模式之间差异较小。根据k值，计算出潜在可矿化有机碳库在土壤中的半周转期$t_{1/2}$，常绿阔叶林半周转期最长为29.8 d，人工林为21.1 ~ 23.2 d。表明，常绿阔叶林土壤能够长期、稳定、高效地为植物生长提供养分，有利于林地生产力的维持。与杉木纯林连栽相比，杉阔轮栽和杉阔混交模式下土壤潜在起始矿化速率、潜在可矿化有机碳含量及其占总有机碳的比例均有所增加，表明，杉阔轮栽和杉阔混交模式可有效提高林地生产力。

表1-22　不同经营措施土壤碳矿化积累拟合一级动力学方程结果

森林经营模式	C_0 /（mg CO_2-C kg^{-1} soil）	k /d^{-1}	$t_{1/2}$ /d	C_0/SOC /%	C_0k /（mgCkg^{-1} d^{-1}）
NBF	503.50 a	0.023 b	29.8 a	1.70 a	11.48 a
PCF	224.89 d	0.031 a	22.6 b	1.04 c	6.84 c
PM	295.13 b	0.030 a	23.2 b	1.16 b	8.77 b
MCM	246.15 c	0.033 a	21.1 b	1.15 b	7.68 bc

5）土壤各活性碳库与微生物特征之间的关系

土壤潜在可矿化有机碳库的大小可以反映土壤中潜在的活性养分含量，其周转速率可以反映土壤中的养分循环和供应状况，因此，也有文献将其定义为生物活性有机碳（倪进治等，2001），可以用来表征土壤微生物的活性。相关性分析结果表明（表1-23），土壤各溶解性有机碳含量与MBC、Cmic/Corg、Co、Co/SOC、Cok以及土壤总有机碳之间均具有极显著的正相关关系，与k和qCO_2值显著或极显著负相关，土壤总有机碳与各微生物特征参数之间也具有很好的相关性。这一方面说明了土壤溶解性有机碳是微生物有效的底物；另一方面也说明了土壤溶解性有机碳和微生物特征很大程度依赖于土壤总有机碳的含量，这与其他大多数研究结果一致（姜培坤，2005；王清奎等，2005a，2000b）。其中，HWC与大部分参数的相关性较高，表明HWC能够更好地反映不同森林植被下土壤有机碳和微生物特征的变化，这与大多数人(Ghani et al.，2003; Wang and Wang, 2007)的研究结果一致。但也有人(倪进治等,2001)认为，HWC与Co/SOC以及k值之间的相关性不显著，WSOC是土壤中最活跃的有机质组分。

表1-23　土壤各活性有机碳库与土壤微生物特征之间的关系

相关系数 微生物特征 / 生化特征	MBC	Cmic/Corg	qCO_2	C_0	C_0/SOC	C_0k	k	SOC
WSOC	0.848***	0.856***	-0.734**	0.837***	0.876***	0.849***	-0.640*	0.768**
HWC	0.943***	0.894***	-0.649*	0.977***	0.957***	0.961***	-0.860***	0.942***
HWcC	0.939***	0.958***	-0.796**	0.894***	0.877***	0.933***	-0.693*	0.845***
WSOC/SOC	0.689*	0.741**	-0.730**	0.653*	0.720**	0.684*	-0.401	0.562
HWC/SOC	0.891***	0.871***	-0.668*	0.934***	0.935***	0.917***	-0.755**	0.847***
HWcC/SOC	0.521	0.645*	-0.685*	0.444	0.486	0.509	-0.126	0.304
C_A	0.873***	0.878***	-0.815**	0.728**	0.649*	0.830***	-0.592*	0.845***
CPI	0.964***	0.911***	-0.652	0.945***	0.889***	0.962***	-0.875***	0.972***
A	0.059	0.174	-0.430	-0.190	-0.208	-0.027	0.393	-0.032
AI	0.082	0.218	-0.477	-0.185	-0.203	-0.021	0.365	-0.051
CMI	0.847***	0.880***	-0.805**	0.672*	0.608*	0.783**	-0.518	0.781**
SOC	0.958***	0.886***	-0.640*	0.942***	0.890***	0.949***	-0.910***	1

注：*、**和***分别表示$P < 0.05$、$P < 0.01$和$P < 0.001$水平上相关性显著。

从各溶解性有机碳占总有机碳的比例与微生物特征的关系看，HWC/SOC与各微生物特征参数之间均达到显著或极显著相关关系，而WSOC/SOC与k值和总有机碳含量相关性不显著，HWcC/SOC也只与qCO_2值显著相关。表明，土壤热水浸提有机碳占总有机碳的比例（HWC/SOC）是表征表层土壤生物活性有机碳库周转的较好指标，可以用来指示土壤生物活性有机碳库的动态变化；此外，在表层土壤中，水溶性有机碳可能是比热水浸提碳水化合物部分更有效的微生物碳源。方华军等（2006）也发现，WSOC/SOC与土壤总有机碳、MBC的相关性不显著。

本研究中，土壤易氧化有机碳与各微生物参数之间均具有很好的相关性；CPI和CMI与MBC、Cmic/Corg、Co、Co/SOC、Cok以及土壤总有机碳显著或极显著正相关，CMI与qCO_2值极显著负相关（$P < 0.01$），CPI则与k值极显著负相关（$P < 0.001$）。说明CMI可以在一定程度上反映森林生态系统土壤微生物对底物的利用效率，而CPI则与活性有机碳的周转速率密切相关。但碳库活度和活度指数与微生物特征参数之间相关性均不显著。

土壤活性有机碳对于预测土壤质量的变化具有重要意义，许多学者对土壤活性有机碳及其生物有效性进行了一些研究。Biederbecka 等（1994）认为土壤易氧化有机质（LOM）、微生物有机质（MBOM）和轻组有机质（LFOM）代表了不同程度的活性有机质，它们之间的关系可以用方程 LOM = -0.104 + 0.08 MBOM + 0.05 LFOM 来表示。姜培坤（2005）研究发现，不同森林植被下土壤 WSOC、MBC 以及易氧化有机碳两两之间存在极显著的正相关关系。方华军等（2006）报道，坡耕地黑土土壤易矿化有机碳、MBC、WSOC 均与总有机碳呈显著正相关，它们之间也极显著正相关。倪进治等（2001）研究了不同土地利用方式以及不同土壤类型下活性有机碳的生物有效性，结果表明，Co 与土壤总有机碳、重铬酸钾易氧化有机碳、MBC、WSOC、HWC、轻组有机碳都呈极显著正相关，而 k 值与以上指标均无相关性；Co 与重铬酸钾易氧化有机碳、MBC、WSOC、HWC、轻组有机碳占土壤总有机碳的百分比均无相关性，Co/SOC 和 k 值只与水溶性有机碳占土壤总有机碳的百分比呈显著正相关，因此，WSOC 占土壤总有机碳的百分比是表征土壤生物活性有机碳库周转的较好指标。王清奎（2006）认为，热水浸提有机碳与其他活性有机碳之间具有较高的相关性，达到了显著或极显著水平，是可以代替其他活性有机碳的综合表征指标。这些结论之间不尽一致，可能是由于研究区域、土壤类型、生态系统类型等的差异造成的。

3. 结论

第一，与连栽杉木纯林相比，杉木火力楠混交林土壤总有机碳和稳定态有机碳含量没有明显变化，但显著提高了各活性有机碳含量及其占总有机碳的比例、易氧化有机碳和碳库管理指数，增加土壤微生物数量和活性，从而达到杉木人工林生态系统可持续经营的目的。而杉阔轮栽经营模式不仅提高了土壤各活性有机碳含量及其占总有机碳的比例，土壤总有机碳含量和稳定态有机碳含量也均有显著增加。

第二，杉阔混交和杉阔轮栽经营模式均可有效提高土壤微生物对底物的利用效率，促进生态系统的成熟和稳定。

第三，在表层土壤中，热水浸提有机碳占总有机碳的比例（HWC/SOC）是表征土壤生物活性有机碳库周转的较好指标，可以用来指示土壤生物活性有机碳库的动态变化。

第四，碳库管理指数（CMI）可以一定程度上反映森林生态系统土壤微生物对底物的利用效率，而碳库指数（CPI）则与活性有机碳的周转速率密切相关。

本章参考文献

[1] Amelung W, Zech W, Zhang X, et al. Carbon, nitrogen, and sulfur pools in particle—size fractions as influenced by climate [J]. Soil Science Society of America Journal, 1998, 62(1): 172-181.

[2] Anderson D W, Coleman D C. The dymanics of organic matter in grassland soils [J]. Journal of Soil and Water Conservation, 1985, 40: 211-216.

[3] Anderson D W, Paul E A. Organo-mineral complexes and their study by radiocarbon dating [J]. Soil Science Society of America Journal, 1984, 48: 298 - 301.

[4] Anderson T H, Domsch K H. Application of eco-physiological quociente （qCO2 and Dq） on microbial biomasses from soils of different cropping histories [J]. Soil Biology and Biochemistry, 1990, 22: 251 - 255.

[5] Anderson T H, Domsch K H. The metabolic quotient for CO2 （qCO2） as a specific activity parameter to assess the effects of environmental conditions, such as pH, on the microbial biomass of forest soils [J]. Soil Biology and Biochemistry, 1993, 25: 393-395.

[6] Baldock J A, Masielo C A, Celinas Y, et al. Cycling and composition of organic matter in terrestrial and marine ecosystems [J]. Marine Chemistry, 2004, 92: 39-64.

[7] Baldock J A, Skjemstad J O. Role of the soil matrix and minerals in protecting natural organic materials against biological attack [J]. Organic Geochemistry, 2000, 31, 697 - 710.

[8] Balesdent J. The significance of organic separates to carbon dynamics and its modelling in some cultivated soils [J]. European Journal of Soil Science, 1996, 47: 485 - 493.

[9] Balota E L, Colozzi F A, Andrade D S, et al. Microbial biomass in soils under different tillage and crop rotation systems [J]. Biology and Fertility of Soils, 2003, 38: 15-20.

[10] Bayer C, Mielniczuk J, Martin N L, et al. Stocks and humification degree of organic matter fractionsas affected by no-tillage on a subtropical soil [J]. Plant and Soil, 2002, 238: 133-140.

[11] Beck T H. Mikrobiologische und biochemische Charakterisierung landwirtsch aftlich genutzer B den II .Mitteilung. Beziehung zum Humusgehalt [J]. Zeitschrift für Pflanzenern hrung und Bodenkunde, 1984, 147: 467-475.

[12] Behera N, Sahani U. Soil microbial biomass and activity in response to Eucalyptus plantation and natural regeneration on tropical soil [J]. Forest Ecology and Management, 2003, 174: 1-11.

[13] Bergamaschi B A, Pram M S, Kendall C, et al. Carbon isotopic constraints on the contribution of plant material to the natural precursors of trihalomethanes [J]. Organic Geochemistry, 1999, 30 (1): 835-842.

[14] Berger T W, Neubauer C, Glatzel G. Factors controlling soil caron and nitrogen stores in pure stands of Norway spnlce (Picea abies) and mixed species stands in Austria [J]. Forest Ecology and Management, 2002, 159: 3-14.

[15] Bernoux M, Arrouays D, Cerrir C C, et al. Modeling vertical distribution of carbon in oxisols of the western Brazilian amazon (rondonia) [J]. Soil Science, 1998, 163: 941-951.

[16] Biederbecka V O, Janzenb H H, Campbella C A, et al. Labile soil organic matter as influenced by cropping practices in an arid environment [J]. Soil Biology and Biochemistry, 1994, 26: 1647-1656.

[17] Blair G J, Lefroy R D B, Lisle L. Soil carbon fractions based on their degree of oxidation, and the development of a carbon management index for agricultural systems [J]. Australian Journal ofAgricultural Research, 1995, 46: 1459-1466.

[18] Blaser P, Heim A, Luster J. Total luminescence spectroscopy of NOM typing samples and their aluminium complexes [J]. Environment International, 1999, 25: 285 - 293.

[19] Bolinder L C, Angers D A, Gregorich E G, et al. The response of soil quality indicators to conservation management [J]. Canadian Journal of Soil Science, 1999, 79: 37-45.

[20] Boyer J N, Groffman P M. Bio-availability of water extractable organic carbon fractions in forest and agricultural soil profiles [J]. Soil Biology & Biochemistry, 1996, 28: 783-790.

[21] Brookes P C, Landman A, Pruden G, et al. Chloform fumigation and the release of soil nitrogen: a rapid direct extraction method to measure microbial biomass nitrogen in soil [J]. Soil Biology &Biochemistry, 1985, 17: 837-842.

[22] Bucher V V C, Pointing S B, Hyde K D, et al. Production of wood decay enzymes, loss of mass and lignin solubilization in wood by diverse freshwater fungi [J]. Microbial Ecology, 2004, 48: 331-337.

[23] Campbell C A, Biederbeck V O, Wen G, et al. Seasonal trends in selected soil biochemical attributes: EVects of crop rotation in the semiarid prairie [J]. Canadian Journal of Soil Science, 1999a, 79: 73 - 84.

[24] Campbell C A, Lafond G P, Biederbeck O, et al. Seasonal trends in soil biochemical attributes:EVects of crop management on a Black Chernozem [J]. Canadian Journal of Soil Science, 1999b,

79: 85 - 97.

[25] Cao M K, Woodward F I. Dynamic responses of terestrial ecosystem carbon cycling to global climate change [J]. Nature, 1998, 393: 249-252.

[26] Carter M R. Microbial biomass as an index for tillage-induced changes in soil biological properties [J]. Soil and Tillage Research, 1986, 7: 29-40.

[27] Chan K Y, Heenan D P, Oates A. soil carbon fractions and relationship to soil quality under different tillage an d stubble management [J]. Soil & Tillage Research, 2002, 63: 133-139.

[28] Chan K Y, Heenan D P. Microbial-induced soil aggregate stability under different crop rotations [J]. Biology and Fertility of Soils, 1999, 30: 29 - 32.

[29] Chantigny M H, Angers D A, Prevost D, et al. Dynamics of soluble organic C and C mineralization in cultivated soils with varying N fertilization [J]. Soil Biology & Biochemistry, 1999, 31: 543-550.

[30] Chen C R, Xu Z H. Soil carbon and nitrogen pools and microbial properties in a 6-year-old slash plantation of subtropical Australia: impacts of harvest residues management [J]. Forest Ecology and Management, 2005, 206: 237 - 247.

[31] Chertv O G, Komarow A S. SOMM: A model of soil organic matter dynamics[J]. Ecological Modelling, 1997, 94: 177-189.

[32] Chodak M, Khanna P, Beese F. Hot water extractable C and N in relation to microbiological properties of soils under beech forests [J]. Biology and Fertility of Soils, 2003, 39: 123 - 130.

[33] Christensen B T. Physical fractionation of soil and organic matter in primary particles and density separates [J]. Advances in Soil Science, 1992, 20:2-90.

[34] Christensen B T. Physical fractionation of soil and structural and functional complexity in organic matter turnover [J]. European Journal of Soil Science, 2001, 52: 345-353.

[35] Conteh A, Blair G J, Macleod D A, et al. soil organic carbon changes incracking clay soils under cotton production as studied by carbon fractionation [J]. Australian Journal of Agricultural Research, 1997, 48: 1049-1058.

[36] Cook B C, Allan D L. Dissolved organic carbon in old field soils: Compositional changes during the biodegradation of soil organic matter [J]. Soil Biology and Biochemistry, 1992, 24: 595 - 600.

[37] Couteaux M M, Bottner P, Berg B. Litter decomposition, climate and litter quality [J]. Trends in Ecology and Evolution, 1995, 10: 63-66.

[38] Cronan C S. Comparative effects of precipitation acidity on three forest soils. Carbon cycling responses [J]. Plant and Soil, 1985, 88: 101-102.

[39] Dalal R C, Chan K Y. Soil organic matter in rainfed cropping systems of the Australian cereal belt [J]. Australian Journal of Soil Research, 2001, 39: 435-464.

[40] Dalal R C, Henderson P A, Guasby J M. Organic matter and microbial biomass in a Vertisol after 20 years of zero-tillage [J].Soil Biology and Biochemistry, 1991, 23: 435-441.

[41] Dalal R C, Mayer R J. Long-term trends in fertility of soils under continuous cultivation and cereal cropping in southern queensland vi loss of total nitrogen from different particle-size and density fractions [J]. Australian Journal of Soil Research, 1987, 25: 83-93.

[42] Davidson E A, Boone R D, Boone R D. Soil water content and temperature as independent or confounded factors controlling soil respiration in a temperate mixed hardwood forest [J]. GlobalChange Biology, 1998, 4: 217-227.

[43] Davidson E A, Galloway L F, Strand M K. Assessing available carbon: comparison of techniques across selected forest soils [J].Communications in Soils Science and Plant Analysis, 1987, 18: 45-64.

[44] Davidson E A, Trumbore S E, Amundson R. Soil wanning and organic carbon content [J]. Nature, 2000, 408(14): 789 - 790.

[45] De Gryze S, Six J, Merckx R. Quantifying water-stable soil aggregate turnover and its implication for soil organic matter dynamics in a model study [J]. European Journal of Soil Science, 2006, 57: 693-707.

[46] Degens B P. Macro-aggregation of soils by biological bonding and binding mechanisms and the factors aVecting these: A review [J]. Australian Journal of Soil Research, 1997, 35: 431 - 460.

[47] Delprat L, Chassin P, Lineres M, et al. Characterization of dissolved organic carbon in cleared forest soils converted to maize cultivation [J]. European Journal of Agronomy, 1997, 7: 201-210.

[48] Don A, Kalbitz K. Amounts and degradability of dissolved organic carbon from foliar litter at different decomposition stages [J]. Soil Biology and Biochemistry, 2005, 37: 2171-2179.

[49] Ekschmitt K, Liu M Q, Vetter S, et al. Strategies used by soil biota to overcome soil organic matter stability-Why is dead organic matter left over in the soil? [J]. Geoderma, 2005, 128: 167-176.

[50] Eusterhues K, Rumpel C, Kleber M, et al. Stabilisation of soil organic matter by interactions withminerals as revealed by mineral dissolution and oxidative degradation [J]. Organic Geochemistry, 2003, 34: 1591 - 1600.

[51] Eusterhues K, Rumpel C, Kogel-Knabner I. Organo-mineral associations in sandy acid forest soils: importance of specific surface area, iron oxides and micropores [J]. European Journal of Soil Science, 2005, 56: 753-763.

[52] Feller C, Beare M H. Physical control of soil organic matter dynamics in the tropics [J]. Geoderma, 1997, 79: 69-116.

[53] Feller C, Francois C, Villemin G, et al. Nature des matieres organiques associees aux fractionsargileuses d' un sol ferrallitique [J]. Comies Rendus de I' Academie des Sciences de Paris, 1991, 312: 1491 - 1497.

[54] Fischer T. Einfluβ von Winterweizen und Winterroggen in Fruchtfolgen mit unterschiedlichem Getreideanteil auf die mikrobielle Biomasse und jahreszeitliche Kohlenstoffdynamik des Bodens [J]. Arch Acker Pflanzenbau Bodenkd, 1993. 37: 181 - 189.

[55] Fox O, Vetter S, Ekschmitt K, et al. Soil fauna modifies the recalcitrance-persistence relationship of soil carbon pools [J]. Soil Biology and Biochemistry, 2006, 38: 1353-1363.

[56] Francaviglia R, Gataleta L, Marchionni M, et al. Soil quality and vulnerability in a Mediterranean natural ecosystem of Central Italy [J]. Chemosphere, 2004, 55: 455 - 466.

[57] Franzluebbers A J, Arshad M A. Particulate organic carbon content and potential minerlization as affected by tillage and texture [J]. Soil Science Society of America Journal, 1997, 61: 1382-1386.

[58] Franzluebbers A J, Wright S F, Stuedemann J A. Soil aggregation and glomalin under pastures in the southern Piedmont USA [J]. Soil Science Society of America Journal, 2000, 64: 1018-1026.

[59] Galantini J, Rosell R. Long-term fertilization effects on soil organic matter quality and dynamics under different production systems in semiarid Pampean soils [J]. Soil & Tillage Research, 2006, 87: 72 - 79.

[60] Ghani A, Dexter M, Perrott K W. Hot-water extractable carbon in soils: a sensitive measurement for determining impacts of fertilisation, grazing and cultivation [J]. Soil Biology and Biochemistry, 2003, 35: 1231-1243.

[61] Ghani A, Dexter M, Sarathchandra U, et al. Assessment of extractable hot-water carbon as an indicator of soil quality on soils under long-term pastoral, cropping, market gardening and native vegetation [J]. Proc. Aust. NZ. Joint Soils Conf. 2000, 2: 119 - 120.

[62] Goberna M, Sáncheza J, Pascual J A, et al. Surface and subsurface organic carbon, microbial biomass

and activity in a forest soil sequence [J]. Soil Biology and Biochemistry, 2006, 38: 2233 - 2243.

[63] Goh K M, Stout J D, O' Brien B J. The significance of fractionation in dating the age and turnover of soil organic matter [J]. New Zealand Journal of Science, 1984, 27: 69 - 72.

[64] Golchin A, Clark P, Oades J M, et al. The effects of Cultivation on the Composition of organic matter and Structure of soils [J]. Australian Journal of Soil Research, 1995, 33: 975-993.

[65] Golchin A, Oades J M, Skjemstad J O, et al. Study of free and occluded particulate organic matter in soils by solid state 13C CP/MAS NMR spectroscopy and scanning electron microscopy [J]. Australian Journal of Soil Research, 1994a, 32: 285-309.

[66] Golchin A, Oades J M, Skjemstad J O, et al.. Soil structure and carbon cycling [J]. Australian Journal of Soil Research, 1994b, 32: 1043-1068.

[67] Goulden M L, Wofsy S C, Harden J W, et al. Sensitivity of boreal forest carbon balance to soil thaw [J]. Science, 1998, 279: 214 - 217.

[68] Goyal S, Chander K, Mundra M C, et al. Influence of in organic fertilizer sand organic amendments on soil organic matter and soil microbial properties under tropical conditions [J]. Biology and Fertility of Soils, 1999, 29: 196-200.

[69] Grayston S J, Griffith G S, Mawdsley J L, et al. Accounting for variability in soil microbial communities in temperate grassland ecosystems [J]. Soil Biology and Biochemistry, 2001, 33: 533 - 551.

[70] Gregorich E G, Carter M R, Angers D A, et al. Towards a minimum data set to assess soil organic matter quality in agricultural soils [J]. Canadian Journal of Soil Science, 1994, 74: 376-385.

[71] Gregorich E G, Liang B C, Drury C F, et al. Elucidation of the source and turnover of water soluble and microbial biomass carbon in agricultural soils [J]. Soil Biology & Biochemistry, 2000, 32(5): 587-587.

[72] Hadas A, Kautsky L, Goek M, et al. Rates of decomposition of plant residues and available nitrogen in soil, related to residue composition through simulation of carbon and nitrogen turnover [J]. Soil Biology and Biochemistry, 2004, 36: 255-266.

[73] Hagedorn F, Blaser P, Siegwolf R. Elevated atmospheric CO2 and increased N deposition effects on dissolved organic carbon-clues from δ13C signature [J]. Soil Biology & Biochemistry, 2002, 34(3): 355-366.

[74] Halvorson A D, Reule C A, Follett R F. Nitrogen fertilization effects on soil carbon and nitrogen

in adryland cropping system [J]. Soil Science Society of America Journal, 1999, 63: 912 - 917.

[75] Hassink J. The capacity of soils to preserve organic C and N by their association with clay and silt particles [J]. Plant and Soil, 1997, 191: 77 - 87.

[76] Hayakawa K. Seasonal variations and dynamics of dissolved carbohydrates in Lake Biwa [J]. Organic Geochemistry, 2004, 35: 169-179.

[77] Haynes R J, Beare M H. Influence of six crop species on aggregate stability and some labile organic matter fractions [J]. Soil Biology & Biochemistry, 1997, 29: 1647 - 1653.

[78] Haynes R J, Francis G S. Changes in microbial biomass C, soil carbohydrate composition and aggregate stability induced by growth of selected crop and forage species under field conditions [J]. Journal of Soil Science, 1993, 44: 665 - 675.

[79] Haynes R J, Swift R S, Stephen R C. Influence of mixed cropping rotations (pasture-arable) on organic matter content, water stable aggregation and clod porosity in a group of soils [J]. Soil and Tillage Research, 1991, 19: 77 - 87.

[80] Haynes R J, Swift R S. Stability of soil aggregates in relation to organic constituents and soil water content [J]. Journal of Soil Science, 1990, 41: 73-83.

[81] Haynes R J. Labile organic matter as an indicator of organic matter quality in arable and pastoral soil in New Zealand [J]. Soil Biology & Biochemistry, 2000, 32: 211 - 219.

[82] Haynes R J. Labile organic matter fractions as central components of the quality of agricultural soils: an overview[J]. Advances in Agronomy, 2005, 85: 221-268.

[83] Hendrix P F, Parmelee R W, Crossley Jr D A, et al. Detritus food webs in conventional and notillage agroecosystems [J]. BioScience, 1986, 36: 374 - 380.

[84] Hernandez T, Garcia C, Reinhardt I. Short-term effect of wildfire on the chemical, biochemical and microbiological properties of Mediterranean pine forest soils [J]. Biology and Fertility of Soils, 1997, 25: 109-116.

[85] Hongve, D. Production of dissolved organic carbon in forested catchments [J]. Journal of Hydrology, 1999, 2249(3-4): 91-99.

[86] Hu Y L, Wang S L, Zeng D H. Effects of Single Chinese Fir and Mixed Leaf Litters on Soil Chemical, Microbial Properties and Soil Enzyme Activities [J]. Plant and Soil, 2006, 282: 379-386.

[87] Huang Y, Feng Z W, Wang S L, et al. Changes in soil quality due to introduction of broadleaf trees

into clear-felled Chinese fir forest in the mid-subtropics of China [J]. Soil Use and Management, 2004, 20: 418-425.

[88] Insam H, Haselwandter K. Metabolic quotient of the soil microflora in relation to plant succession [J]. Oecologia, 1989, 79: 174-178.

[89] Islam K R, Wei R R. Land use effects on soil quality in a tropical forest ecosystem of Bangladesh [J]. Agriculture, Ecosystems and Environment, 2000, 79: 9-16.

[90] Jandl R, Sollins P. Water extractable carbon in relation to belowground carbon cycle [J]. Biology and Fertility of Soils, 1997, 25: 196 - 201.

[91] Janzen H H, Campbell C A, Brandt S A, et al. Light-fraction organic matter in soils from long-term crop rotations [J].Soil Science Society of America Journal, 1992, 56: 1799-1806.

[92] Jastrow J D, Boutton T W, Miller R M. Carbon dynamics of aggregate-associated organic matter estimated by carbon-13 natural abundance [J]. Soil Science Society of America Journal 1996, 60: 801-807.

[93] Jenkinson D S, Adams D E, Wild A. Model estimates of CO2 emissions from soil in response to global waning [J]. Naturc, 1991, 351: 304 306.

[94] Jenkinson D S, Rayner J H. The turnover of soil organic matter in some of the Rothamsted classical experiments [J].Soil Science, 1977, 123: 298-305.

[95] Jia G, Cao J, Wang C, et al. Microbial biomass and nutrients in soil at the different stages of secondary forest succession in Ziwulin, northwest China [J]. Forest Ecology and Management, 2005,217: 117 - 125.

[96] Joergensen R G, Meyer B. Chemical change in organic matter decomposing in- and on a forestRendzina under beech (Fagus sylvatica L.) [J]. Journal of Soil Science , 1990, 41: 17 - 27.

[97] Joergensen R G, Scheu S. Depth gradients of microbial and chemical properties in moder soils under beech and spruce [J]. Pedobiologia, 1999, 43: 134 - 144.

[98] Kaiser K, Guggenberger G, Zech W. Sorption of DOM and DOM fractions to forest soils [J]. Geoderma, 1996, 74 (3-4): 281-303.

[99] Kaiser K, Guggenberger G. The role of DOM sorption to mineral surfaces in the preservation of organic matter in soils [J]. 2000, Organic Geochemistry, 31: 711 - 725.

[100] Kaiser K. Dissolved organic phosphorus and sulphur as influenced by sorptive interactions with mineral subsoil horizons [J]. European Journal of Soil Science, 2001, 52: 489 - 493.

[101] Kalbitz K, Deyer S, Gehre M. Land use impacts on the isotopic signature (13C, 14C, 15N) ofWater soluble fulvic acids in a German fen area [J]. Soil Science, 2000, 165 (9): 728-736.

[102] Kalbitz K, Schmerwitz J, Schwesig D, et al. Biodegradation of soil-derived dissolved organic matter as related to its properties [J]. Geoderma, 2003, 113: 273-291.

[103] Kalbitz K, Schwesig D, Rethemeyer J, et al. Stabilization of dissolved organic matter by sorption to the mineral soil [J]. Soil Biology and Biochemistry, 2005, 37, 1319 - 1331.

[104] Kanchikerimath M, Singh D. Soil organic matter and biological properties after 26 years of maize - wheat - cowpea cropping as affected by manure and fertilization in a Cambisol in semiarid region of India [J]. Agriculture, Ecosystems and Environment, 2001, 86: 155-162.

[105] Kawahigashi M, Sumida H, Yamamoto K. Seasonal changes in organic compounds in soil solutions obtained from volcanic ash soils under different land uses [J]. Geoderma, 2003, 113:381-396.

[106] Kiem R, Kögel-Knabner I. Contribution of lignin and polysaccharides to the refractory carbon pool in C-depleted arable soils [J]. Soil Biology and Biochemistry, 2003, 35: 101-118.

[107] Kleber M, Mikutta R, Torn M S, et al. Poorly crystalline mineral phases protect organic matter in acid subsoil horizons [J]. European Journal of Soil Science, 2005, 56: 717-725.

[108] Kögel-Knabner I. The macromolecular organic composition of plant and microbial residues as inputs to soil organic matter [J]. Soil Biology and Biochemistry, 2002, 34, 139 - 162.

[109] Kowalski A S, Sartore M, Burlett R, et al. The annual carbon budget of a French pine forest (Pinus Pinaster) following harvest [J]. Global Change Biology, 2003, 9: 1051 - 1065.

[110] Krull E S, Baldock J A, Skjemstad J O. Importance of mechanisms and Processes of the stabilization of soil organic matter for modelling carbon tumover [J]. Functional Plant Biology, 2003, 30: 207-222.

[111] Ladd J N, Amato M, Li-Kai Z, et al. Differential effects of rotation, plant residue and nitrogen fertilizer on microbial biomass and organic matter in an Australian alfisol [J]. Soil Biology and Biochemistry, 1994, 26: 821-831.

[112] Lai R. World soils and the green house effect [J]. Global Change News letter, 1999, 37: 4-5.

[113] Landgraf D. Dynamics of microbial biomass in Cambisols under a 3 year succession fallow in North Eastern Saxony [J]. Journal of Plant Nutrition & Soil Science, 2001, 164: 665 - 671.

[114] Leavitt S W, Follett R F, Paul E A. Estimation of slow and fast cycling soil organic

carbon pools from 6N HCl hydrolysis [J]. Radiocarbon, 1997, 38: 231-239.

[115] Lefroy R D B, Lisle L. Soil organic carbon changes in cracking clay soils under cotton production as studied by carbon fractionation [J]. Australian Journal of Agricultural Research, 1997, 48: 1049-1058.

[116] Leinweber P, Schulten H R, Körschens M. Hot water extracted organic matter: Chemical composition and temporal variations in a long-term field experiment [J]. Biology and Fertility ofSoils, 1995, 20: 17 - 23.

[117] Liang B C, MacKenzie A F, Schnitzer M, et al. Management-induced changes in labile soil organic matter under continuous corn in eastern Canadian soils [J]. Biology and Fertility of Soils, 1998, 26: 88 - 94.

[118] Lindroth A, Grelle A, Morén A S. Long-term measurements of boreal forest carbon exchange reveal large temperature sensitivity [J]. Global Change Biology, 1998, 4: 443 - 450.

[119] Linn D M, Doran J W. Effect of water-filled pore space on carbon dioxide and nitrous oxide production in tilled and nontilled soils [J]. Soil Science Society of American Journal, 1984, 48: 1267-1272.

[120] Linn D M, Doran J W. Effect of water-filled pore space on carbon dioxide and nitrous oxide production in tilled and nontilled soils [J]. Soil Science Society of American Journal, 1984, 48: 1267-1272.

[121] Logninow W, Wisniewski W, Strony W M, et al. Fractionation of organic carbon based on susceptibility to oxidation [J]. Polish Journal of Soil Science, 1987, 20: 47-52.

[122] Ludwig B, John B, Ellerbrock R, et al. Stabilization of carbon from maize in a sandy soil in a long term experiment [J]. European Journal of Soil Science, 2003, 54: 117 - 126.

[123] Luiz Fernando Carvalho Leitea, Eduardo de Sá Mendonça, Pedro Luiz Oliveirade de AlmeidaMachado, Elpídio Inácio Fernandes Filho, Júlio César Lima Neves. Simulating trends in soil organic carbon of an Acrisol under notillage and disc-plow systems using the Century model [J].Geoderma, 2004, 120: 283-295.

[124] Lundquist E J, Jackson L E, Scow K M, et al. Changes in microbial biomass and community composition, and soil carbon and nitrogen pools after incorporation of rye into three California agricultural soils [J]. Soil Biology and Biochemistry, 1999, 31: 221 - 236.

[125] Lützow M V, Kogel-Knabner I, Ekschmit K, et al. Stabilization of organic matter in temperate

soils: mechanisms and their relevance under different soil conditions—a review [J]. European Journal of Soil Science, 2006, 57: 426-445.

[126] Lützowa M, Leifeldb J, Kainzc M, et al. Indications for soil organic matter quality in soils under different management [J]. Geoderma, 2002, 105: 243-258.

[127] Magid J, Kjaergaard C, Gorissen A, et al. Drying and rewetting of a loamy sand soil did not increase the turnover of native organic matter, but retarded the decomposition of added 14C-labelled plant material [J]. Soil Biology & Biochemistry, 1999, 31: 595-602.

[128] Martens D A, Frankenberger W T. Soil saccharide extraction and detection [J]. Plant and Soil,1993, 149: 145 - 147.

[129] Martens R. Current methods for measuring microbial biomass C in soil: potentials and limitations [J]. Biology and Fertility of Soils, 1995,19: 87-99.

[130] Mayer L M, Xing B S. Organic matter-surface area relationships in acid soils [J]. Soil Science Society of America Journal, 2001, 65: 250 - 258.

[131] Mayer L M. Relationships between mineral surfaces and organic carbon concentrations in soils and sediments [J]. Chemical Geology, 1994, 114: 347 - 363.

[132] Mcdowell W H. Effects of chronic nitrogen amendments on production of dissolved organic carbon and nitrogen in forest soil [J]. Water, Air, and Soil Pollution, 1998,105 (1/2) : 175-182.

[133] McGill W B, Cannon K R, Robertson J A, et al. Dynmics of soil microbial biomass and water soluble organic C in Breton L. after 50 years of cropping to two rotations [J]. Canadian Journal of Soil Science, 1986, 66: 1-19.

[134] Mikutta R, Kleber M, Torn M S, et al. Stabilization of soil organic matter: association with minerals or chemical recalcitrance? [J] Biogeochemistry, 2006, 77: 25-56.

[135] Minderman G. Addition, decomposition and accumulation of organic matter in forests [J]. Ecology, 1968, 56: 355 - 362.

[136] Montagnini F. Accumulation in above-ground biomass and soil storage of mineral nutrients in pure and mixed plantations in a humid tropical lowland [J]. Forest Ecology and Management, 2000, 134: 257-269.

[137] Moore T R, Souza W D, Koprivnjak J F. Controls on the sorption of dissolved organic carbon by soils [J]. Soil Science, 1992, 154: 120-129.

[138] Neary D G, Klopatek C C, DeBano L F, et al. Fire effects on below-ground sustainability: a review and synthesis [J]. Forest Ecology and Management, 1999, 122: 51-71.

[139] Nierop K G J, Jansen B, Verstraten J A. Dissolved organic matter, aluminium and iron interactions: precipitation induced by metal/carbon ratio, pH and competition [J]. Science of the Total Environment, 2002, 300: 201 - 211.

[140] O' Brien N D, Attiwill P M, Weston C J. Stability of soil organic matter in Eucalyptus regnans forests and Pinus radiate plantations in south eastern Australia [J]. Forest Ecology and Management, 2003, 185:249-261.

[141] Oades J M, Kirkman M A, Wagner G H. The use of gas-liquid chromatography for the determination of sugars extracted from soils by sulfuric acid [J]. Soil Science Society of America Proceedings, 1970, 34: 230 - 235.

[142] Oades J M. Soil organic matter and structural stability: mechanisms and implications for management [J]. Plant and Soil, 1984, 76: 319-337.

[143] Oyonarte C, Aranda V, Durante P. Soil surface properties in Mediterranean mountain ecosystems: Effects of environmental factors and implications of management [J]. Forest Ecology and Management, 2008, 254: 156 - 165.

[144] Park J H, Kalbitz K, Matzner, E . Resource control on the production of dissolved organic carbon and nitrogen in a deciduous forest floor[J]. Soil Biology & Biochemistry, 2002, 34 (6) : 813-822.

[145] Parshotam A, Saggar S, Searle P L, et al. Carbon residence times obtained from labelled ryegrass decomposition in soils under contrasting environmental conditions [J]. Soil Biology & Biochemistry, 2000, 32: 75-83.

[146] Parton W J, Schimel D S, Cole C V, et al. Analysis of factors controlling soil organic matter levels in great plains grasslands [J]. Soil Science Society of America Journal, 1987, 51: 1173-1179.

[147] Paul E A, Collins H P, Harris D, et al. The influence of biological management inputs on carbon mineralization in ecosystems [J]. Applied Soil Ecology, 1998, 327: 1-13.

[148] Paul E A, Römkens A M, Vander P J. Evolution of CO2 and soil carbon dynamics in biologically managed, row-crop agroecosystems [J]. Applied Soil Ecology, 1999, 11: 53-65.

[149] Percival H J, Parfitt R L, Scott N A. Factors Controlling Soil Carbon Levels in New ZealandGrasslands: Is Clay Content Important? [J]. Soil Science Society of America Journal, 2000, 64:

1623-1630.

[150] Piao H C, Hong Y T, Yuan Z Y. Seasonal changes of microbial biomass carbon related to climatic factors in soils from karst areas of southwest China [J]. Biology and Fertility of Soils, 2000, 30: 294 - 297.

[151] Post W M, Emanuel W P, Zinke P J, et al. Soil carbon pools and world life zones [J].Nature, 1982,298: 156-159.

[152] Powlson D S, Brooks P C, Christensen B T. Measurement of soil microbial biomass provides an early indication of changes in total soil organic matter due to straw incorporation [J]. Soil Biology and Bilchemistry, 1987, 19:159-164.

[153] Puget P, Angers D A, Chenu C. Nature of carbohydrates associated with water stable aggregates of two cultivated soils [J]. Soil Biology & Biochemistry, 1999, 31: 55 - 63.

[154] Puget P, Chenu C, Balesdent J. Dynamics of soil organic matter associated with particle-size fractions of water-stable aggregates [J]. European Journal of Soil Science, 2000, 51: 595-605.

[155] Pypker TG, Fredeen AL. The growing season carbon balance of a subboreal clearcut 5 years after harvesting using two independent approaches to measure ecosystem CO2 flux [J]. Canadian Journal of Forest Research, 2002, 32: 852 - 862.

[156] Qualls R G, Haines B L, Swank W T. Fluxes of dissolved organic nutrients and humic substances in a deciduous forest [J]. Ecology, 1991, 72: 254 - 266.

[157] Qualls R G, Haines B L. Biodegradability of dissolved organic matter in forest throughfall, soil solution, and stream water [J]. Soil Science Society of America Journal, 1992, 56: 578 - 586.

[158] Qualls R G, Haines B L. Geochemistry of dissolved organic nutrients in water percolating through a forest ecosystems [J]. Soil Science Society of America Journal, 1991, 55: 1112-1123.

[159] Quideau S A, Chadwick O A, Trumbore S E, et al. Vegetation control on soil organic matter dynamics [J]. Organic Geochemistry, 2001, 32: 247 - 252.

[160] Rannik Ü, Altimir N, Raittila J, et al. Fluxes of carbon dioxide and water vapour over Scots pine forest and clearing [J]. Agricultural and Forest Meteorology, 2002, 111: 187 - 202.

[161] Redl G, Hübner C, Wurst F. Changes in hot water soil extracts brought about by nitrogen immobilization and mineralization processes during incubation of amended soils [J]. Biology and Fertility of Soils, 1990, 10: 45 - 49.

[162] Reichstein M, Bednorz F, Broll G, et al..Temperature dependence of carbon mineralization: conclusions from a long-term incubation of subalpine soil samples [J].Soil Biology & Biochemistry,2000, 32: 947-958.

[163] Ren T Z, Stefano G. Soil bioindicators in sustainable agriculture [J]. Scientia Agriculture Sinica, 2000, 33: 68-75.

[164] Rodionov A, Amelung W I, Urusevskaja, et al. Carbon and Nitrogen in the Enriched Labile Fraction along a Climosequence of Zonal Steppe Soils in Russia [J]. Soil Science Society of America Journal, 2000, 64: 1467-1473.

[165] Römkens P F A M, Dolfing J. Effect of Ca on the solubility and molecular size distribution of DOC and Cu binding in soil solution samples [J]. Environmental Science and Technology, 1998, 32:363 - 369.

[166] Roscoe R, Buurman P, Velthorst E J, et al. Soil organic matter dynamics in density and particle size fractions as revealed by the 13C/12C isotopic ratio in Cerrado' s oxisol [J]. Geoderma, 2001, 104: 185-202.

[167] Rovira P, Vallejo V R. Labile and recalcitrant pools of carbon and nitrogen in organic matter decomposing at different depths in soil: an acid hydrolysis approach [J]. Geoderma, 2002, 107: 109 - 141.

[168] Rovira P, Vallejo V R. Labile, recalcitrant, and inert organic matter in Mediterranean forest soils [J]. Soil Biology and Biochemistry, 2007, 39: 202 - 215.

[169] Rovira P, Vallejo V R. Physical protection and biochemical quality of organic matter in Mediterranean calcareous forest soils: a density fractionation approach [J]. Soil Biology and Biochemistry, 2003, 35: 245 - 261.

[170] Rudrappa L, Purakayastha T J, Singh D, et al., Long-term manuring and fertilization effects on soil organic carbon pools in a Typic Haplustept of semi-arid sub-tropical India [J]. Soil & TillageResearch, 2006, 88: 180 - 192.

[171] Ryan M G, Binkley D, Fownes J H. Age-related decline in forest productivity: pattern and processes [J]. Advances in Ecological Research, 1997, 27, 213 - 262.

[172] Safarik I, Santruckova H. Direct determination of total soil carbohydrate content. [J] Plant and Soil, 1992, 143: 109-114.

[173] Saggar S, Parshotam A, Sparling G P, et al. 14C-labelled ryegrass turnover and residence times in

soils varying in clay content and mineralogy [J]. Soil Biology and Biochemistry, 1996, 28: 1677- 1686.

[174] Schlesinger W H. Carbon sequestration in soils [J]. Science, 1999, 284 (25): 2095.

[175] Schulze E D, Lloyd J, Kelliher F, et al. Productivity of forests in the Eurosiberian boreal region and their potential to act as a carbon sink - a synthesis of existing knowledge and original data [J].Global Change Biology, 1999, 5: 703 - 722.

[176] Schwesig D, Kalbitz K, Matzner E. Effects of aluminium on the mineralization of dissolved organic carbon derived from forest floors [J]. European Journal of Soil Science, 2003, 54: 311-322.

[177] Shimel D S. Terrestrial ecosystem and the carbon cycle [J]. Global Change Biology, 1995, 1: 77- 91.

[178] Silver W L, Miya R K. Global patterns in root decomposition: Comparisons of climate and litter quality effects [J]. Oecologia, 2001, 129: 407-419.

[179] Six J, Bossuyt H, Degryze S, et al. A history of research on the link between (micro) aggregates,soilbiota, and soil organic matter dynamics [J]. Soil and Tillage Research, 2004, 79: 7-31.

[180] Six J, Conant R T, Paul E A, et al. Stabilization mechanisms of soil organic matter: implications for C-saturation of soils [J]. Plant and soil, 2002, 241: 155-176.

[181] Six J, Elliot E T, Paustian K, et al. Aggregation and soil organic matter accumulation in cultivated and native grassland soils [J]. Soil Science Society of America Journal, 1998, 62: 1367-1377.

[182] Six J, Elliott E T, Paustian K. Soil macroaggregate turnover and microaggregate formation: a mechanism for C sequestration under no-tillage agriculture [J]. Soil Biology and Biochemistry, 2000, 32: 2099-2103.

[183] Six J, Frey S D, Thiet R K, et al. Bacterial and fungal contributions to carbon sequestration in agroecosystems [J]. Soil Science Society of America Journal, 2006, 70: 555-569.

[184] Skjemstad J O, Dalal R C, Barron P F. Spectroscopic investigations of cultivation effects on organic matter of Versitols [J]. Soil Science Society of America Journal, 1986, 50: 354-359.

[185] Skjenstad J O, Taylor J A, Janik L J, et al. Soil organic carbon dynamics under long term sugarcane monoculture [J]. Australian Journal of Soil Research, 1999, 37: 151-164.

[186] Smolander A, Kitunen V, Mälkönen E. Dissolved soil organic nitrogen and carbon in a Norway spruce stand and in an adjacent clear-cut [J]. Biology and Fertility of Soils, 2001, 33: 190 - 196.

[187] Smolander A, Kitunen V. Soil microbial activities and characteristics of dissolved organic C and

N in relation to tree species [J]. Soil Biology and Biochemistry, 2002, 34: 651-660.

[188] Smolander A, Loponenb J, Suominen K, et al. Organic matter characteristics and C and N transformations in the humus layer under two tree species, Betula pendula and Picea abies [J]. Soil Biology and Biochemistry, 2005, 37: 1309-1318.

[189] Sollins P, Homann P, Caldwell B A. Stabilization and destabilization of soil organic matter: mechanisms and controls [J]. Geoderma, 1996, 74: 65-105.

[190] Solomon D, Lehmann J, Zech W. Use effects on soil organic matter properties of chromic luvisols in semiarid northern Tanzania: carbon, nitrogen, lignin and carbohydrates [J]. Agriculture, Ecosystems and Environment, 2000, 78: 203-213.

[191] Sparling G P. Ratio of microbial biomass carbon to soil organic carbon as a sensitive indicator of changes in soil organic matter [J]. Australian Journal of Soil Research, 1992, 30: 195-207.

[192] Sparling G, Vojvodic-Vukovic M, Schipper L A. Hot water soluble C as a simple measure of labile soil organic matter: The relationship with microbial biomass C [J]. Soil Biology and Biochemistry, 1998, 30: 1469 - 1472.

[193] Swanton C W, Caldwell B A, Homann P S, et al. Carbon dynamics during a long-term incubation of separate and recombined density fractions from seven forest soils [J]. Soil Biology & Biochemistry, 2002, 34: 1121-1130.

[194] Tan Z X, Lal R, Izaurralde R C, et al. Biochemically protected soil organic carbon at the NorthAppalachian experimental watershed [J]. Soil Science, 2004, 169: 423 - 433.

[195] Thornley J H M, Cannell M G R. Soil carbon storage response to temperature: an Hypothesis [J]. Annal of Botany, 2001, 87: 591-598.

[196] Tisdall J M, Oades J M. Organic matter and water-stable aggregates in soils [J]. Journal of Soil Science, 1982, 62: 141-163.

[197] Trumbore S E, Chadwick O A, Amundson R. Rapid exchange of soil carbon and atmospheric CO2 driven by temperature change [J]. Science, 1996, 272: 393-396.

[198] Trumbore S E, Davidson E A, Camargo P B, et al. Below ground cycling of carbon in forests and pastures of eastern Amazonia [J]. Global Biogeochemical Cycles, 1995, 9: 515-528.

[199] Trumbore S E. Age of soil organic mailer and soil respiration: Radiocarbon constraints on belowground C dynamics [J]. Ecological application, 2000, 10 (2): 399-411.

[200] Turchenek L W, Oades J M. Fractionation of organo-mineral complexes by sedimentation and density techniques [J]. Geoderma, 1979, 21: 311-343.

[201] Valentini R, Matteucci G, Dolman A J, et al. Respiration as the main determinant of carbon balance in European forests [J]. Nature, 2000, 404: 861 - 865.

[202] Vance E D, Brooks P C, Jenkinson D S. An extraction method for measuring soil microbial biomass[J]. Soil Biology & Biochemistry, 1987, 19: 703-707.

[203] Vance G G, David M B. Dissolved organic carbon and sulfate sorption by spodosol mineral horizons [J]. Soil Science, 1992, 154: 136-144.

[204] Wander M M, Traina S J , Stinner B R, et al. The effects of organic and conventional management on biologically active soil organic matter fractions [J]. Soil Science Society of America Journal, 1994, 58: 1130-1139.

[205] Wang Q K, Wang S L, Deng S J. Comparative study on active soil organic matter in Chinese fir plantation and native broad-leaved forest in subtropical China [J]. Journal of Forestry Research, 2005, 16 (1):23-26.

[206] Wang Q K, Wang S L, Fan B, et al. Litter production, leaf litter decomposition and nutrient return in Cunninghamia lanceolata plantations in south China: effect of planting conifers with broadleaved species [J]. Plant and Soil, 2007b, 297: 201 - 211.

[207] Wang Q K, Wang S L. Soil organic matter under different forest types in Southern China [J]. Geoderma, 2007a, 142: 349-356.

[208] Wang Y, Hsieh Y. Uncertainties and novel prospects in the study of the soil carbon dynamics [J]. Chemosphere, 2002, 49: 791-804.

[209] Wattel-Koekkoek E J W, van Genuchten P P L, Buurman P, et al. Amount and composition of clay-associated soil organic matter in a range of kaolinitic and smectitic soils [J]. Geoderma, 2001, 99: 27 - 49.

[210] Wiseman C L S, Püttmann W. Soil organic carbon and its sorptive preservation in central Germany [J]. European Journal of Soil Science, 2005, 56: 65 - 76.

[211] Wu J, Joergensen R G, Pommerening B, et al. Measurement of soil microbial biomass C by fumigation-extraction: an automated procedure [J]. Soil Biology & Biochemistry, 1990, 22: 1167-1169.

[212] Wu T, Schoenau J J, Li F, et al. Influence of cultivation and fertilization on total organic

carbon and carbon fractions in soils from the Loess Plateau of China [J]. Soil & Tillage Research, 2004, 77:59 - 68.

[213] Xiao H L. Climate change in relation to soil organic matter [J]. 土壤与环境，1999，8(4)：300-304.

[214] Xu Q F, Xu J M. Changes in soil carbon pools induced by substitution of plantation for native forest [J]. Pedosphere, 2003, 13: 271 - 278.

[215] Yang Y S, Guo J F, Chen G S, et al. Carbon and nitrogen pools in Chinese fir and evergreen broadleaved forests and changes associated with felling and burning in mid-subtropical China [J]. Forest Ecology and Management, 2005, 216: 216 - 226.

[216] Yang Y S, Guo J F, Chen G S, et al. Effects of slash burning on nutrient removal and soil fertility in Chinese fir and evergreen broadleaved forests of mid-subtropical China [J]. Pedosphere, 2003, 13(1): 87-96.

[217] Zhang J., Wang S., Feng Z., et al. Stability of soil organic carbon changes in successive rotations of Chinese fir (Cunninghamia lanceolata (lamb) hook) plantations [J]. Journal of Environmental Sciences. 2009, 21(3): 352 - 359.

[218] Zhang J S, Guo J F, Chen G S, et al. Concentrations and seasonal dynamics of dissolved organic carbon in forest floors of two plantations (Castanopsis kawakam Ⅱ and CunninghamiaLanceolate) in subtropical China [J]. Journal of Forestry Research, 2005, 16(3): 205 - 208.

[219] Zhang X Q, Kirschbaumb M U F, Hou Z H, et al. Carbon stock changes in successive rotations of Chinese fir (Cunninghamia lanceolata (lamb) hook) plantations [J]. Forest Ecology and Management, 2004, 202: 131-147.

[220] Zheng Y S, Ding Y X. Effect of mixed forests of Chinese fir and tsoong's tree on soil properties [J]. Pedosphere, 1998, 8: 161-168.

[221] Zhou G M, Xu J M, Jiang P K. Effect of Management Practices on Seasonal Dynamics of Organic Carbon in Soils Under Bamboo Plantations [J]. Pedosphere, 2006, 16(4): 525-531.

[222] 曹建华，潘根兴，袁道先，等．岩溶地区土壤溶解有机碳的季节动态及环境效应 [J]. 生态环境，2005, 14(2): 224-229.

[223] 陈全胜，李凌浩，韩兴国，等．水分对土壤呼吸的影响及机理 [J]. 生态学报，2003, 23(5): 972-978.

[224] 陈全胜，李凌浩，韩兴国，等．土壤呼吸对温度升高的适应 [J]. 生态学报，2004，24(11):2649-2655.

[225] 方华军，杨学明，张晓平，等．坡耕地黑土活性有机碳空间分布及生物有效性[J]．水土保持学报，2006，20(2)：59-63.

[226] 冯宗炜，陈楚莹，李昌华等．湖南会同杉木人工林生长发育与环境的关系[J]．南京林产工业学院学报，1982，(3)：29-36.

[227] 冯宗炜，陈楚莹，张家武，等．一种高生产力和生态协调的亚热带针阔混交林——杉木火力楠混交林的研究[J]．植物生态学与地植物学学报，1988，12(3)：165-180.

[228] 胡慧蓉，郭安，邓光葵．杉木种植对土壤理化性质的影响[J]．云南林业科技，2001，3：21-23.

[229] 黄耀，刘世良，沈其荣，等．环境因子对农业土壤有机碳分解的影响[J]．应用生态学报，2002，13(6)：709-714.

[230] 黄宇，冯宗炜，汪思龙，等．杉木、火力楠纯林及其混交林生态系统C、N贮量[J]．生态学报，2005，25(12)：3146-3154.

[231] 黄宇，冯宗炜，汪思龙，等．杉木与固氮和非固氮树种混交对林地土壤质量和土壤水化学的影响[J]．生态学报，2004，24(10)：2192-2199.

[232] 姜培坤，徐秋芳，杨芳．雷竹土壤水溶性有机碳及其与重金属的关系[J]．浙江林学院学报，2003，20(1)：8-11.

[233] 姜培坤．不同林分下土壤活性有机碳库研究[J]．林业科学，2005，41(1)：10-13.

[234] 焦如珍，杨承栋，孙启武，等．杉木人工林不同发育阶段土壤微生物数量及其生物量的变化[J]．林业科学，2005，41(6)：163-165.

[235] 李江涛，张斌，彭新华，等．施肥对红壤性水稻土颗粒有机物形成及团聚体稳定性的影响[J]．土壤学报，2004，41(6)：912-917.

[236] 李恋卿，潘根兴，张旭辉．退化红壤植被恢复中表层土壤团聚体及其有机碳的变化[J]．土壤通报，2000，31(5)：193-195.

[237] 梁文举，闻大中，李维光，等．开垦对农业生态系统土壤有机碳动态变化的影响[J]．农业系统科学与综合研究，2000，16(4)：241-244.

[238] 廖利平，陈楚莹，张家武，等．杉木、火力楠纯林及混交林细根周转的研究[J]．应用生态学报，1995，6(1)：7-10.

[239] 廖利平，马越强，汪思龙，等．杉木与主要阔叶造林树种叶凋落物的混合分解[J]．植物生态学报，2000c，24(1)：27-33.

[240] 廖利平，汪思龙，陈楚莹，等．杉木人工林不同发育阶段凋落物量及其生态功能研究[J]．应用生态学报，

2000a，11(supp.)：127-130.

[241] 廖利平，汪思龙，高洪，等．杉木与亚热带主要阔叶造林树种叶凋落物的分解 [J]．应用生态学报，2000b，11(supp.)：141-145.

[242] 刘长怀，罗汝英．宁镇丘陵区森林土壤腐殖质的化学特征 [J]．南京林业大学学报，1990, 14(1)：1-5.

[243] 刘满强，陈小云，郭菊花等．土壤生物对土壤有机碳稳定性的影响 [J]．地球科学进展，2007a，22(2)：152-158.

[244] 刘满强，胡锋，陈小云．土壤有机碳稳定机制研究进展 [J]．生态学报，2007b，27 (6):2642-2650.

[245] 刘满强，胡锋，何园球，等．退化红壤不同植被恢复下土壤微生物量季节动态及其指示意义 [J]．土壤学报，2003，40(6)：937-944.

[246] 刘艳，汪思龙，王晓伟，等．不同温度条件下杉木、桤木和火力楠细根分解对土壤活性有机碳的影响 [J]．应用生态学报，2007，18(3)：481-486.

[247] 马成泽，周勤，何方．不同肥料配合施用土壤有机盈亏分布 [J]．土壤学报，1996，31(1)：35-41.

[248] 马祥庆，杨玉盛，林开敏，等．不同林地清理方式对杉木人工林生态系统的影响 [J]．生态学报，1997，17(2)：176-183.

[249] 倪进治，徐建民，谢正苗．土壤生物活性有机碳库及其表征指标的研究 [J]．植物营养与肥料学报，2001，7(1)：56-63.

[250] 潘根兴，李恋卿，张旭辉．土壤有机碳库与全球变化研究的若干前沿问题——兼开展中国水稻土有机碳固定研究的建议 [J]．南京农业大学学报，2002，25(3)：100-109.

[251] 彭新华，张斌，赵其国．土壤有机碳库与土壤结构稳定性关系的研究进展 [J]．土壤学报，2004，41(4)：618-623.

[252] 邵月红，潘剑君，孙波，等．农田土壤有机碳库大小及周转 [J]．生态学杂志，2006a，25(1)：19-23.

[253] 邵月红，潘剑君，孙波．不同森林植被下土壤有机碳的分解特征及碳库研究 [J]．水土保持学报，2005，19(3)：24-28.

[254] 邵月红，潘剑君，孙波．长期施肥对红壤不同形态碳的影响 [J]．中国生态农业学报，2006b，14(1)：125-127.

[255] 沈宏，曹志洪，胡正义．土壤活性有机碳的表征及其生态效应 [J]．生态学杂志，1999，18(3)：32-38.

[256] 沈宏，曹志洪，徐志红．施肥对土壤不同碳形态及碳库管理指数的影响 [J]．土壤学报，2000，37(2)：166-173.

[257] 沈宏，曹志洪．不同农田生态系统土壤碳库管理指数的研究 [J]．生态学报，2000，20(4):660-668.

[258] 沈宏，曹志洪．长期施肥对不同农田生态系统土壤有效碳库及碳素有效率的影响 [J]．热带亚热带土壤科学，1998，7(1)：1-5.

[259] 孙启武，杨承栋，焦如珍．连栽杉木人工林土壤肥力变化的主分量分析 [J]．林业科学研究，2003，16(6)：689-693.

[260] 陶澍，曹军．山地土壤表层水溶性有机物淋溶动力学模拟研究 [J]．中国环境科学，1996，16：410-414.

[261] 汪思龙，廖利平，邓仕坚，等．杉楠混交与人工杉木林自养机制的恢复 [J]．应用生态学报，2000c, 11(1)：33-36.

[262] 汪思龙，廖利平，于小军，等．杉木人工林退化土壤恢复过程中 CO2 释放与净 N 矿化 [J]．应用生态学报，2000a，11（增刊）：197-202.

[263] 汪思龙，廖利平，于小军，等．杉木人工林退化土壤恢复过程中有机碳积累与土壤结构的改善 [J]．应用生态学报，2000b，11（增刊）：191-196.

[264] 王刚，王春燕，王文颖，等．子午岭森林灰褐土保护有机碳的能力及各密度组分生化特征 [J]．科学通报，2004，49(24)：2562-2567.

[265] 王国兵，阮宏华，唐燕飞，等．北亚热带次生栎林与火炬松人工林土壤微生物生物量碳的季节动态 [J]．应用生态学报，2008，19(1)：37-42.

[266] 王连峰，潘根兴．酸沉降影响下庐山森林生态系统土壤溶液溶解有机碳分布 [J]．植物营养与肥料学报，2002，8(1)：29-34.

[267] 王清奎，汪思龙，冯宗炜．杉木纯林与常绿阔叶林土壤活性有机碳库的比较 [J]．北京林业大学学报，2006，28(5)：1-6.

[268] 王清奎，汪思龙，高洪，等．杉木人工林土壤活性有机质变化特征 [J]．应用生态学报，2005a，16(7)：1270-1274.

[269] 王清奎，汪思龙，高洪，等．土地利用方式对土壤有机质的影响 [J]．生态学杂志，2005b，24(4)：360-363.

[270] 王清奎，汪思龙，于小军，等．杉木与阔叶树叶凋落物混合分解对土壤活性有机质的影响 [J]．应用生态学报，2007，18(6)：1203-1207.

[271] 王艳芬，陈佐忠，Larry T T，等．人类活动对锡林郭勒地区主要草原土壤有机碳分布的影响 [J]．植物生态学报，1998，22(6)：20-26.

[272] 尉海东，马祥庆．中亚热带不同发育阶段杉木人工林生态系统碳贮量研究 [J]．江西农业大学学报，2006，28(2)：239-243.

[273] 吴建国，徐德应．六盘山林区几种土地利用方式对土壤中可溶性有机碳浓度影响的初步研究 [J]．植物生态学报，2005，29(6)：945-953.

[274] 吴建国，张小全，王彦辉，等．土地利用变化对土壤物理组分中有机碳分配的影响 [J]．林业科学，2002，38(4)：19-29.

[275] 吴建国，张小全，徐德应．六盘山林区几种土地利用方式下土壤活性有机碳的比较 [J]．植物生态学报，2004，28(5)：657-664.

[276] 吴庆标，王效科，郭然．土壤有机碳稳定性及其影响因素 [J]．土壤通报，2005，26(5)：743-747.

[277] 武天云，Schoenau J，李凤民，等．耕作对黄土高原和北美大草原三种典型农业土壤有机碳的影响 [J]．应用生态学报，2003，14(12)：2213-2218.

[278] 武天云，Schoenau J，李凤民，等．土壤有机质概念和分组技术研究进展 [J]．应用生态学报，2004，15(4)：717-722.

[279] 徐明岗，于荣，王伯仁．长期不同施肥下红壤活性有机质与碳库管理指数变化 [J]．土壤学报，2006，43(5)：723-729.

[280] 徐秋芳，姜培坤．不同森林植被下土壤水溶性有机碳研究 [J]．水土保持学报，2004，18(6)：8-11.

[281] 徐阳春，沈其荣，冉炜．长期免耕与施用化肥对土壤微生物生物量碳、氮、磷的影响 [J]．土壤学报，2002，39(1)：89-96.

[282] 杨玉盛，陈光水，王小国，等．皆伐对杉木人工林土壤呼吸的影响 [J]．土壤学报，2005，42(4)：584-590.

[283] 杨玉盛，何宗明，陈光水，等．杉木多代连栽后土壤肥力变化 [J]．土壤与环境，2001，10(1)：33-38.

[284] 杨玉盛，俞新妥，何智英．炼山对杉木人工林生态系统的影响Ⅱ．炼山初期林地土壤肥力变化初步研究 [J]．福建林学院学报，1989，(3)：263-271.

[285] 张春霞，郝明德，魏孝荣，等．不同农田生态系统土壤微生物生物量碳的变化研究 [J]．中国生态农业学报，2006，14(1)：81-83.

[286] 张付申．长期施肥条件下娄土和黄绵土有机质氧化稳定性的研究 [J]．土壤肥料，1996，(6)：32-34.

[287] 张旭辉，李恋卿，潘根兴．不同轮作制度对淮北白浆土团聚体及其有机碳的积累和分布的影响 [J]．生态学杂志，2001，20(2)：16-19.

[288] 周广胜，王玉辉，蒋延玲，等．陆地生态系统类型转变与碳循环 [J]．植物生态学报，2002，26(2)：250-254.

[289] 朱济凡，王战，冯宗炜．总结群众造林经验，大力开展人工林速生丰产规律的研究 [J]．科学通报，1960，1:

2

聚落
——人类居所，生存空间

中国传统聚落景观是中华民族在各地区的先民们为了满足基本的生存需求，在各自的土地上进行择地筑屋、开荒造田、农业耕作、畜牧养殖等一系列生产生活活动，在遵循自然规律的基础上，与自然和谐共生，世代传承，通过历史的积淀，形成的各具特色的地域景观。

2.1 从东楮岛村看传统聚落建筑本土化设计的低碳思维[①]

传统聚落是指在历史时期形成的、保留有明显的历史文化特征且历史风貌相对完整的古村古镇及古城，是一定地域范围内人类历史文化的重要载体（刘沛林，2011）。在传统聚落的发展过程中，其建筑艺术、民俗文化以及村落结构等各个方面都形成了独特的历史文脉，是物质文化遗产和非物质文化遗产的综合体，具有重要的历史文化保护价值。

全球气候变化从低碳的角度提升了中国传统聚落建筑的研究价值，中国传统聚落的形成往往经历了几百年甚至上千年的时间，其间人们在与自然和谐共处的过程中，不断总结经验，形成了对自然的独特见解，最终建造了最适应当地气候条件和人们风俗习惯的建筑，保留至今。而这些建筑都是在低技术的条件下产生的，因此，其中必然蕴含着深刻的低碳设计理念，值得学术界深入发掘。海草房是胶东地区最具代表性的传统聚落建筑，本节通过对中国历史文化名村——荣成市东楮岛村海草房传统聚落建筑低碳设计思维的剖析，探究其地域特色形成中本土性与低碳性之间的相互关系，以期为当前低碳建筑的本土化设计提供参考。

1. 东楮岛村概况

东楮岛村位于胶东半岛最东端的荣成市，隶属于宁津街道办事处，建于明万历年间，历史

①本节原载于《装饰》2015 年第 3 期。

悠久。村落三面环海，仅西面一路通陆，环境优美，为典型的暖温带季风型湿润气候，四季分明，但冬季漫长，盛行从海洋吹来的湿冷冬季风，风力较强，气温偏低。东楮岛村最吸引人的便是其独具地域特色的传统聚落民居建筑——海草房。全村现有海草房 144 栋，其中百年以上的有 83 栋，最古老的始建于清顺治年间，距今有 300 多年的历史，具有极高的历史文化和艺术研究价值。东楮岛村也因此于 2007 年被列入第三批中国历史文化名村。

2. 东楮岛村传统聚落建筑特色与低碳设计

东楮岛村海草房作为一种既成景观，能够长期为当地居民提供舒适、便捷的生活环境，一直沿用至今，其中不仅蕴含丰富的文化信息，更包含着低碳设计的智慧，值得深入研究和探析，以揭示其本质特征。通过对东楮岛村实地调研发现，海草房传统聚落建筑本土特色的形成始终伴随着低碳设计的思维。具体表现在以下几个方面。

1）选材与造型设计

海草房因使用海草作为苫盖屋顶的主体材料而得名。海草是一种生长在 50m 深浅海里的野生藻类植物，含有大量的卤和胶质，是胶东沿海地区特有的植物资源，具有防虫、防腐、防漏、吸潮、不易燃烧、隔热保温等特点，是一种理想的生态建筑材料。对于三面环海的东楮岛村来说，海草要比茅草等资源丰富得多，也更容易获取。由于建造一栋海草房至少需要数千斤海草，村民们便在每 F秋冬季节收集岸边的海草，进行晒干等人工处理，收藏囤积备用（姜继兴，2011）。为了充分发挥海草的隔热保温作用，海草房屋顶往往苫得很厚，最厚的地方能达到 1 ～ 2m，因此，海草房屋顶坡度很陡，接近于等边三角形。这一设计不仅有利于屋面排水，达到防腐防潮的目的，而且可以在室内的顶棚与屋面之间形成通风隔热层，有效地减缓夏季的烈日透晒和冬季的寒风侵入，降低室内外温差，起到调节室内温度的作用。由于海草房顶部压脊较厚，为了得到良好的建筑造型和装饰效果，屋脊两端苫的海草高于中间，向两侧山墙面做切角处理，设计出了柔和起伏的马鞍形曲线（褚兴彪等，2012），这与中国古代建筑中的歇山曲脊颇为相似。靠近屋脊的一端伸出黑色陶制的烟囱，具有一定的装饰性。海草房的梁柱等则以本地木料为主要材料，包括松树、楮树、刺槐等，由于东楮岛村淡水资源匮乏，沿海土壤盐碱性较强，因此，村落中长期种植这些耐盐碱的高大乔木，不仅方便取材，而且能够美化村落景观，改善土壤环境。

东楮岛村海草房墙体以荣成当地特产的花岗岩为主要材料，大块的石头色泽呈现天然的青灰色或微红色，外墙体厚度达到 40 ～ 50cm，砌墙石料并非严格的规整方正，而是随圆就方，减少了石料加工导致的碳排放。石块之间以白灰扦缝，使得表面纹样色彩斑斓、自然古朴，部分海草房在门窗和檐口部位砌青砖，形成较好的装饰效果（陈喆，2002），丰富了建筑的立面色彩，体现了北方建筑的粗犷厚重之美。

从低碳的视角来看，东楮岛村海草房建筑材料的选择标准包括两点：属于易大量获取的本土材料，且具有很好的热稳定性。就地取材不仅可以最大限度地降低运输成本，降低材料运输过程的碳排放，而且突出了建筑的本土特征，地域特色鲜明。屋顶和墙体的热稳定性强则可在夏季阻隔热辐射，避免室内温度快速上升；在冬季起到很好的保温作用，保证室内温度的恒定，减少了制热或制冷所造成的能源消耗和环境污染。可见，海草房建筑在综合考虑材料自然属性特征的基础上，通过巧妙的构思和精心的结构设计，使得建筑不仅在色彩、质感和造型上达到很高的视觉艺术水准，又能自然调控室内温度，达到冬暖夏凉的生态效果，从而减少对空调和取暖设施的依赖。更为重要的是，这些材料完全取自自然环境，建筑废弃、倒塌或拆除后，材料可以回收利用或者自然腐烂降解，在其整个使用周期内都不会污染环境、破坏生态平衡。此外，海草和木材作为生物有机体，其中含有大量的碳元素，它们被用作建筑材料后，这些碳元素能够被长久地固定在建筑内，避免参与全球碳循环，转化为二氧化碳，具有持久的固碳作用。

2）选址与格局规划

东楮岛村是由内陆伸入海中的海岛村，整个岛屿地势表现为北高南低，东高西低。村落建筑选址在西南侧地势较低的位置，此处地形平缓，背山面海，建筑坐北朝南，于向阳坡面背倚青山。这种选择保证了房屋的光照、通风和防潮，可以更好地调节村落的温度和湿度。冬天北侧的山体挡住了海上寒风，使村落获得充足的光照，提升室内温度；夏天的偏南风掠过海面，蒸发降温，为村落带来清新凉爽的空气，在村落内形成舒适的小气候。

东楮岛村海草房建筑均沿地势而下，平行排开。而东侧为大面积平整的良田。先民们在村落选址的时候就考虑到了耕作与居住的最优组合，山旁建房，尽量减少对良田的占用（余压芳和邓健，2010），而且最大限度地利用了地形，减少了建筑营造过程中的工程量和碳排放。村落周边及内部则保留良好的植被，衬托建筑，形成优美的构图。丰富的植被通过光合作用吸收村落生产生活中所排放的二氧化碳，塑造了富有层次感的、独特的山、海、村并融的乡土景观格局。

3）布局与空间设计

东楮岛村海草房建筑依地形顺势而下，3 ～ 5 栋为一组以“接山”的方式横向排列布局，山墙紧挨山墙，院落紧挨院落，横排之间道路狭窄，布局紧凑，但纵向街道较宽，形成主次有序的街道空间布置。村落的海草房建筑在平面布置、空间构造和外观造型等方面极为相似，使得整个村落布局显得井然有序，形成了海草房传统聚落建筑的整体风格（褚兴彪等，2012），采用这种聚落布局形式是因为它在抵御寒风方面具有极佳的效果。

东楮岛村单体建筑布局多为三合院式，即一正两厢，功能区划明确。正房 3 ～ 4 间，堂屋位于正中或西侧第二间，兼具客厅和厨房的功能，左右为卧室和粮仓。东西两厢为客房或餐厅。炉灶多设在堂屋，卧室中设有火炕，作为就寝的主要设施。炉灶与火炕有烟道相连，做饭时的烟火通过烟道贯穿整个火炕，再从烟囱中排出，升温的火炕是冬季室内采暖最主要的手段，炊事余热被再次作为取暖热源加以利用，提高了能源利用效率，起到了节能减排的效果。为了使室内在冬季最大限度地接受光照，正房南侧窗户在保证尺度与比例协调的基础上，尽量做到多而宽敞，而北墙开窗狭小，以抵御西北寒风，且北窗正对正房开门，以保证夏季的通风。每年春节村民都会在窗户上粘贴红色的窗花剪纸，营造节日的喜庆气氛，发展了以海文化和吉祥纳福为主题的剪纸艺术。海草房的院落为内向封闭型，是重要的交流和户外活动空间，院内大多种植高大的落叶乔木，不仅给灰色调的海草房增添了一抹绿意，丰富了院落空间，也可以在夏季遮阳，并且不影响冬季采光，很好地发挥了调控建筑微气候的作用。

3. 结论与启示

东楮岛村海草房传统聚落建筑在材料选择、造型艺术、选址格局以及空间布局等方面都具有其独特性，表现出强烈的地域文化特征。这种地域特色的形成，深受中国古代“天人合一”哲学思想的影响，聚落先民们在当时的技术条件下，不断探索人、建筑与自然三者之间的和谐与平衡，建筑如同从这片土地上生长出来的，与周围环境融为一体。在整个发展历程中，先民们遵循自然规律，对建筑进行创造性设计与布局，引导本土优势自然资源为人类居住服务，以最少的能源消耗换取最佳的舒适度，最终使建筑的形式与功能相统一，低碳性与本土性相融合。通过上述分析，我们可以发现，低碳思维在传统聚落建筑设计的本土特色形成过程中发挥着主导和推动作用，二者相生相伴，相辅相成。

4. 结语

东楮岛村是胶东地区传统聚落的典型代表，海草房是这一地区先前建筑设计的最佳方案。然而，随着科技的进步和人们对现代生活方式的渴求，这种具有本土特征的聚落形式正面临着遗失和消亡的危险。而一种先进的文明必定具有旺盛的生命力，能够与时代发展同步，不会轻易被社会所淘汰。因此，在保护中国传统聚落的过程中，除了提炼出其具有地域特色的造型符号、空间形式和文化元素以外，更应注重深入剖析其内在推动机制。文明传承的核心不仅仅是形态和符号，更重要的是内涵和思维模式。低碳的思维与传统聚落建筑的本土化设计密不可分，是其重要的推动因子。因此，当前我国的低碳建筑设计应从本土传统聚落建筑中深入探究其低碳思维模式，发掘其文化特质，结合现代建筑技术，把握时代脉搏，做到文化传承与创新并重，创造出具有本土特色的新型低碳建筑，维持中华民族文化的多元化与多样性，在新的时代背景下真正实现中国传统聚落的可持续发展，推动我国的社会主义生态文明建设。

2.2 农村危房改造扶贫的问题与对策研究
——基于山东、河南的督导调研②

为全面落实习近平总书记提出的“确保到2020年所有贫困地区和贫困人口一道迈入全面小康社会”的宏伟目标，2015年3月，住房和城乡建设部、国家发展与改革委员会和财政部三部委联合下发了《关于做好2015年农村危房改造工作的通知》，其目的是通过国家财政补助为全国农村地区贫困农户解决最基本的安全住房问题。同时，为确保“十三五”期间农村危房改造扶贫工作的顺利开展，住房和城乡建设部村镇司于2015年9月至2016年3月，向各省级住房和城乡建设部门先后下发了《关于请核实、录入“十三五”期间农村危房改造对象信息的函》（建村房函〔2015〕 94号）、《关于请抓紧核实、录入“十三五”期间农村危房改造对象信息的函》（建村房函〔2015〕 133号）、《关于核实录入建档立卡贫困户农村危房改造对象信息的通知》（建村房函〔2016〕 4号）和《关于开展“十三五”农村危房改造对象和建档立卡贫困户农村危房改造对象信息核实录入情况调查督导的通知》（建村房函〔2016〕 16号）四份文件，并组织专家对各地录入的信息进行督导调查。笔者基于对山东、河南两省的督导调查数据，结合国家“十三五”农村危房改造扶贫工作的总体目标和要求，分析存在的主要问题，并针对性地提出解决问题的有效对策，为全面建成小康社会、建设美丽新农村提供依据和参考。

②本节原载于《经济问题》2016年第10期。

1. 山东、河南农村危房改造督导样本选取与调查方法

根据住房和城乡建设部村镇司提供的样本村危房改造数据，从每个省中筛选出 3 个县作为督导核查对象，重点选取样本基数大、农户经济条件类型全面、存疑较多、地区特点较为明显的村作为调查样本。根据各省上报的“十三五”规划危改任务量，人口 50 万（含）以上的县每县选取 2 个样本村，50 万以下的每县选取 1 个样本村。

调查方法主要采用访谈和入户核查。访谈对象包括省、市、县、镇、村各级农村危房改造负责人员和贫困户危房改造对象。访谈调查内容的重点是各级政府和农村居民对政策的理解、建档立卡贫困户和其他贫困户的评定标准、农村危房改造的执行与落实情况。入户核查主要是对已确定的样本村录入的“十三五”农村危房改造对象档案信息进行入户核对，包括九项信息：姓名、村民小组、身份证号、农户经济类型、是否建档立卡贫困户、在本村拥有住房套数、住房使用情况、危险性等级、房屋照片。农户经济类型包括建档立卡贫困户、五保户、低保户、残疾人贫困户、抗震贫困户、其他贫困户、一般户和其他户；房屋“危险性等级”依据《农村房屋危险鉴定技术导则》进行鉴定与核查。

2. 调查结果与分析

1）“十三五”危房改造计划任务概况

通过对山东、河南两省录入的数据进行分析，排除建档立卡贫困户、无房户以及扩大农村危房改造试点等重复统计导致的误差，对“十三五”危改任务量进行校准，计算误差率。存疑任务量主要涉及身份存疑和房屋照片存疑两种情况，二者之和即为存疑任务量，其占任务总量的比值即为存疑率。统计结果如表 2-1 所示，可以看出，山东省和河南省已标记“十三五”的危改任务总量分别约为 9.9 万户和 32.0 万户，河南省校准后的任务量为山东省的近 3 倍，其误差率为 13.20%，也远远超过山东省的 5.91%。但两省的存疑率差距不大。鉴于建档立卡贫困户、五保户、低保户和残疾人贫困户皆有据可查，存疑的可能性较低，后三种则缺乏统一的评判标准，存疑可能性较大。从表 2-2 的对比分析来看，农村危改任务中存疑可能性较大的农户经济类型比重偏大，数据显示，山东省其他贫困户、一般户和其他户共占 64.2%，河南省的这一比重则达到 74.0%。表明，尽管国家精准扶贫政策一定程度上解决了农村贫困居民经济困难问题，但是山东、河南的危改计划任务反映了两省仍然存在大量低收入的贫困户并未享受到国家相关扶贫政策，因此，要“确保到 2020 年所有贫困地区和贫困人口一道迈入全面小康社会”，还面临着许多没有解决的关键性问题，尤其是在扶持政策、农村经济结构调整和经济可持续发展方面需要加大投入力度。贫困户身份识别不准确是影响制度效果的重要原因之一，亟待构建科学的评价指标体系和准确、有效的量化评估方法（高翔等，2016）。

表 2-1　山东、河南“十三五”危改计划任务校准表

省份	已标记“十三五”任务总数（万户）	任务校准（万户）	误差率	存疑任务量（万户）	存疑率
山东	9.9	9.3	5.91%	3.5	35.8%
河南	32.0	27.8	13.20%	12.2	38.2%

注：数据来源于《全国农村住房信息系统“十三五”危房改造标记任务信息系统核查情况与现场核查样本选取方案》。

表 2-2　山东、河南 “十三五”危改计划任务对象各农户经济类型比重表

省份	建档立卡贫困户	五保户	低保户	残疾人贫困户	抗震贫困户	其他贫困户	一般户和其他户
山东	7.4%	2.0%	17.8%	1.5%	7.1%	28.2%	36.0%
河南	5.8%	2.0%	10.9%	1.3%	6.0%	39.0%	35.0%

2）“十三五”危改任务对象选样核查结果分析

“危改”补助对象必须同时具备两个条件：一是必须符合贫困户的标准，且只有一套住房；二是现居住房屋的危险等级达到C级或D级。根据核查采样要求，山东省选取了3个样本村，实际核查52户；河南省选取了6个样本村，实际核查94户。由表2-3可见，核查样本涵盖了建档立卡贫困户、五保户、低保户、残疾人贫困户、其他贫困户和一般户等关键农户经济类型，符合样本选取原则和要求，且两省均以“其他贫困户”所占的比重最大，山东以建档立卡贫困户比重次之，河南则以低保户比重次之。因选取的9个样本村均不在抗震设防区，因此，样本中没有抗震贫困户。核查后的房屋危险等级统计结果（表2-4）表明，两省危房改造对象中，均以D级危房比重较大，尤其是山东省，D级危房占核查总数的82.7%，可见，目前样本村居民的住宅存在巨大的安全隐患。

表 2-3　山东、河南省“十三五”危改计划核查样本农户类型表

省份		建档立卡贫困户	五保户	低保户	残疾人贫困户	其他贫困户	一般户
山东	户数（户）	8	3	5	1	30	5
	比例（%）	15.4	5.8	9.6	1.9	57.7	9.6
河南	户数（户）	3	4	29	7	43	8
	比例（%）	3.2	4.3	30.9	7.4	45.7	8.5

表 2-4　山东、河南省“十三五”危改计划对象房屋危险等级统计表

省份	户数及比重	C 级危房	D 级危房	其他
山东	户数（户）	8	43	1
	比例（%）	15.4	82.7	1.9
河南	户数（户）	37	55	2
	比例（%）	39.4	58.5	2.1

如表 2-5、表 2-6 所示，山东省样本信息的完全准确率为 67.3%。在 32.7% 的信息错误样本中，包含姓名、身份证号、农户经济类型、房屋危险等级、房屋照片信息错误等，经核查，这些错误并不影响农户获得危房改造对象身份，即认定为信息错误户，但危改身份正确。其中错误率最高的是房屋危险等级，有 2 户虽然已完成改造，但是经证实属于借款改造，仍属其他贫困户，建议列为“十三五”危改对象。也就是说，52 户样本中，只有 2 户（3.8%）样本是不具备危改身份条件的，即危改身份错误，其中，1 户为已脱贫，1 户是户主已去世，家中无人，无需改造。因此，山东省调整后的样本正确率是 96.2%。河南省样本信息的完全准确率为 40.4%。另有 52.1% 可认定为信息错误、但危改身份正确的农户；其中，错误率最高的为房屋照片，属系统录入问题，其次为房屋危险等级和农户经济类型。有 2 户危险等级标注为其他的是因为房屋已拆除，房主变为无房户，无法鉴别原住房等级，建议列为“十三五”危改对象。94 户样本中，有 7 户样本是不具备危改身份条件的，占样本总数的 7.5%，其中 6 户已完成改建工作，1 户不属于贫困户。因此，河南省调整后的样本正确率是 92.5%。

表 2-5　山东、河南省核查样本信息准确度评估 1——信息错误情况统计表

省份	姓名	村民小组	身份证号	农户经济类型	建档立卡户	在本村拥有住房套数	住房使用状况	危险性等级	房屋照片	已改造或无须改造
山东	11.8%	2.9%	11.8%	17.6%	5.9%	5.9%	8.8%	20.6%	8.8%	5.9%
河南	10.0%	3.7%	3.7%	16.7%	0%	2.8%	6.5%	16.7%	33.3%	6.5%

表 2-6　山东、河南省核查样本信息准确度评估 2——准确度调整表

省份	信息正确户，同时危改身份正确	信息错误户，但危改身份正确	信息错误户，同时危改身份错误
山东	67.3%	28.9%	3.8%
河南	40.4%	52.1%	7.5%

通过山东、河南两省的对比分析，房屋危险等级认定是出错率最高的指标。经访谈发现，导致这一结果的主要原因包括两个方面：一是由于专业的危房认定费用高昂，因此，绝大多数村镇只能由基层工作人员自行认定，专业性不强，导致认定错误；二是由于各级政府补贴给每户的经费仅为D级危房重建所需费用的1/3至1/2，对于许多贫困农户来说，不仅重建期间无房居住，而且筹集其余的资金非常困难，而一旦接受补助就要如期完成改造任务，因此，许多D级危房的户主自行要求将房屋危险等级变更为C级，将补助的资金用于房屋修缮。从影响农房信息系统中标记的“十三五”危改计划任务总量准确度的因素来看，两省存在差异，山东主要是农户经济类型变化（已脱贫）和个人身份信息变化（农户已死亡），河南则主要表现为房屋已完成危改任务。可见，没有及时更新信息是导致危改计划任务失准的主要原因。

3）农村危房改造的主要问题及原因解析

督导调研中，为切实有效地解决经济最困难、房屋最危险的农民住房安全问题，笔者对山东、河南两省各级住建部门、村镇负责人和农户进行了访谈，结合核查数据的分析，探索农村危房改造工作推进过程中存在的主要困难和问题。

（1）农村贫困户参与意愿问题

农村危房改造本身是扶贫惠民的好政策，掌握危改对象的参与意愿和满意程度，能够客观反映政策实施后的效果，亦可为科学调整政策提供依据。调研中发现，家庭经济条件越好的农户，参与危房改造的意愿越强，因为他们能够负担得起补贴后的其余改造费用。因此，对于最贫困的农户来说，资金的不足限制他们参与危房改造的积极性和主动性。此外，不同年龄的贫困户参与危改意愿的主导影响因素存在差异。危改对象中60岁以上老年人所占的比重最大，他们对危房改造的态度取决于家庭结构，由于农村住房条件被女方视为重要的择偶条件之一（任楠和李松柏，2015），家庭中子女是男孩的农户改造意愿更强，危改后的房屋可以作为子女的新房，有的甚至把安全状况较好的房屋留给子女一家，自己住在厢房甚至寄宿。60岁以下的危改对象大多为残疾人贫困户、长期病人或子女上大学的农户，他们参与危房改造的意愿受到家庭经济状况的制约程度更大。综合而言，农民参与危房改造的意愿主要受到个人年龄、家庭经济状况和家庭结构的影响，这与其他学者（任楠和李松柏，2015）的研究结果基本一致。

（2）贫困户的界定与危改对象的分类比较模糊

由于各地经济发展水平有差别，且“贫困户”身份确定办法相对模糊，除了建档立卡贫困户、五保户和低保户以外，其他农户经济类型主要依靠村镇工作人员筛选，经文件规定的“农户个人申请、集体评议、乡镇审核、县级审批、签订协议”等程序后，即依合法程序取得“贫困户”身份。在筛选和认定过程中，主观性判断占据主导地位，缺乏客观、科学的评价认定体系和方法。

同时，对其他贫困户、一般户和其他户概念界定不清，在系统录入过程中，存在相互混淆的现象，加之信息更新不及时，导致大量的危改对象身份存疑。

（3）危房改造后建筑地域特色丧失，村落景观风貌遭到破坏

山东是儒家文化的发祥地，河南则是历史上的中原大地，均是中国传统文化发展的重要地区，其大多数村落建筑地域特色明显，采用乡土建筑材料和传统工艺，造型别致、统一，塑造了独特的村落景观风貌特征。然而，在农村危房改造过程中，往往缺乏风貌管制，建筑重建抛弃了传统形制和本土材料，代之以所谓现代建筑和钢筋混凝土材料，导致村落地域特色丧失，整体景观风貌遭到严重破坏。导致这一问题的主要原因，一方面是对危房改造工作缺乏深入思考和总体规划，危改模式过于单一化（何彪和康红梅，2013）；另一个重要原因是资金投入不足，维护建筑风貌本身的成本就要高于单独改“危”，二者兼顾的情况下需要更多的经费保障（吴小叶和王伯承，2014）。

（4）基层村镇工作人员的积极性受限

农村危房改造工作能否有效实施，基层村镇工作人员起着至关重要的作用，大量的实际工作都需要依靠他们来完成，从发动社会力量摸底、掌握农户基本信息、信息和照片的系统录入，到监督建设实施过程、安全生产、建设后的照片收集与验收等，任务繁重。然而，基层职能部门设置不够全面，编制有限，承担着各部委下发的其他工作任务，难免会出现疏漏。同时，由于对其他贫困户并没有量化的评价指标，许多农民会对公示结果提出异议，容易引发矛盾。此外，住建部门对危房改造的面积有严格的限制，验收过程中，对面积严格把关，一旦超过规定数量的面积，就要追究责任。以上现象，导致基层村镇工作者将危房改造看成是一项出力不讨好的苦差事，严重地打击了他们的工作积极性。

（5）对于实现全面小康社会而言，危房改造工作尚须创新模式

目前，大多数村镇在危房改造过程中，采用的是传统的运作模式，即政府拨款后，农民自行组织建房或者政府统一招标建设，不足的费用由农民自行筹集。而要实现全面小康社会的宏伟目标，这一模式不仅治标不治本，不能从根本上解决贫困问题，几年后又会出现大量的危房，还容易产生一些其他社会问题。例如，“关系保”“人情保”的存在，更有甚者将危改资金挪作其他建设之用。“授人以鱼，不如授人以渔”，确保农民可持续的经济收入来源才是农村奔向小康社会的有效途径。

3. 农村危房改造的对策研究

1）对农村危房改造对象实行科学的分类分级管理

首先应明确危改对象的分类标准，建议采用 7 类分类法：建档立卡贫困户（由扶贫办依照程序认定身份，同时住房危险等级为 C、D 级）、五保户（含五保残疾人户，具有民政部门颁

发的五保户证书，同时住房危险等级为 C、D 级）、低保户（含低保残疾人户，具有民政部门颁发的低保证书，同时住房危险等级为 C、D 级）、残疾人贫困户（具有民政部门颁发的残疾人证书、经合法程序取得贫困户身份，同时住房危险等级为 C、D 级）、其他贫困户（经合法程序取得贫困户身份，同时住房危险等级为 C、D 级）、抗震贫困户（经合法程序取得贫困户身份，同时住房危险等级为 C、D 级，或在抗震设防区的 B 级房屋）、抗震危房户（不具备贫困户身份，处于抗震设防区，住房危险等级为 C、D 级），取消一般户和其他户等概念模糊的经济类型。

对贫困户身份的界定至关重要，建议建立科学完善的评价指标体系和量化的评判模型，保证公平、公正，尽量减少主观臆断的成分。高翔等（2016）建立了低保户判别的人工神经网络分类模型，具有较高的推广应用价值，在贫困户身份认定中可以加以借鉴。

2）加大资金投入力度，规范过程管理

补贴资金不足是危改调研中被普遍反映的问题，主要来源于危改对象中最贫困的农户，他们在自筹资金方面存在很大困难，部分农户甚至放弃补助资金。因此，一方面，应适当提高农村危房改造补助标准，降低危改对象自筹资金的压力；另一方面，应对危改对象的贫困程度进行细化分类管理，分别制定补助标准，实施差别化帮扶，引导补助资金向特困户倾斜（任楠和李松柏，2015），提高贫困户参与意愿，让他们切实感受到政策的优越性和最终目标，为全面解决农民住房安全问题提供保障。补助资金能否有效利用，关键是规范过程管理，同时要充分考虑基层村镇工作者的工作特点和实际情况，划拨专用工作经费，简化程序，规范过程，人性化设计验收标准，提升基层人员的工作积极性，推进危房改造工作有效开展。

3）创新危房改造模式，加强风貌管制

危房改造应从长远角度考虑，与村落总体规划相结合，强化风貌管制，避免重复建设和资源浪费。可以考虑将 PPP 模式（Public - Private - Partnership）引入到危房改造工作中，PPP 指政府公共部门与私人部门为提供公共产品或服务，以特许协议为基础，在基础设施及公共服务领域建立的一种利益共享和风险分担的公私合营的长期合作关系（上官健，2016）。这一模式能够引导社会资本在完成农村危改任务的同时，提升农民生活质量，推进农村经济向可持续、常态化方向发展，保障农民稳定的经济收入水平。荣成东楮岛村是典型的成功案例，该村落被列入中国历史文化名村和中国传统村落名录，由于目前海草资源匮乏，海草房传统建筑修缮成本昂贵，为了保护历史文化名村的传统风貌，荣成市选择在非海草房核心区集中建房供危改对象居住，由政府与企业共同修缮海草房，用于发展民宿等旅游项目，兼顾了危房改造、历史风貌保护和农村经济可持续发展等问题。要传承传统建筑风貌特色，就应该尽量保留建筑的传统风格、形制和景观意象，沿用传统材料，保护景观基因等（吴小叶和王伯承，2014）。

2.3 胶东传统村落景观风貌保护与更新模式探寻——基于景观可持续性模型分析

1. 研究意义与背景

传统村落景观作为我国文化遗产中的瑰宝（樊海强，2010），不仅是本土文化的重要载体，而且其中蕴涵着深刻的生态设计思想，具有重要的文化和生态研究价值。2003 年 10 月，国家建设部和国家文物局共同发起了中国历史文化名村（镇）的评定与保护工作。2012 年 4 月，由国家住房和城乡建设部、文化部、国家文物局、财政部联合启动了中国传统村落的调查；9 月，又联合成立了跨学科的专家委员会，评审《中国传统村落名录》。2014 年 3 月，中共中央、国务院印发的《国家新型城镇化规划（2014 —2020 年）》将新型城镇设计的要求提升到更具生态文明和文化传承的层面，尤其是如何与自然生态环境和谐共存、如何加大对历史遗产以及原有文化特色的保护力度等方面。2015 年 11 月，住房和城乡建设部发布了《关于改革创新、全面有效推进乡村规划工作的指导意见》，全国范围的乡村规划与建设工作即将全面展开。由此可见，传统村落景观的保护、传承与发展研究在推进我国新型城镇化建设和生态文明建设中占有极其重要的战略地位，在营造地域特色的城乡景观新格局，提升国家文化竞争力和实现中华民族永续发展等方面也发挥着关键性作用。

2. 传统村落景观风貌

传统村落不仅是文化遗产，还是人们生产生活的场所，与居民生活质量和人类福祉密切相关。随着社会的发展，传统村落在人与环境之间不断相互磨合的过程中，维系着文化的连续性，扩展着文化遗产的内涵，这种永续的发展才是传统村落作为文化遗产的本质特征。传统村落景观风貌是传统村落的自然景观和人文景观及其所承载的村落历史文化和社会生活内涵的总和，它是由无形的“风”（社会文化倾向的非物质形态）和有形的“貌”（物质环境）相互渗透，相辅相成，形成的独具文化内涵和精神取向的综合体（俞孔坚等，2008），具有明显的地域可识别性，是传统村落保护、传承与发展的核心内容。面对传统村落文化遗产被大量破坏和衰退严重的现状，有必要从可持续发展的动态视角探讨其景观风貌的保护与更新问题，而当前的重点是解决景观风貌特色保护、传承与村落时代适应性较差之间的矛盾。

传统村落景观作为人类生活的家园，反映了当地居民的社会意识形态以及充分利用自然环境和资源的生态智慧。20 世纪 80 年代开始，国内学者开始关注传统村落的保护问题，其关注点从最初的偏于乡土建筑的实体保护，到聚落文化景观的物质和非物质层面，再到解决聚落经济发展的现实层面。

20 世纪末，一些国内学者从生态意象、空间形态以及生态系统的结构、功能、预警、评价、规划等方面对传统聚落景观的生态价值、设计理念和方法进行了深入的研究。如，刘沛林的《古村落：和谐的人聚空间》（1997）、李晓峰的《乡土建筑——跨学科研究理论与方法》（2005）和刘邵权的《农村聚落生态研究——理论与实践》（2006），等等。近年来，传统村落景观风貌的保护逐渐受到重视，其研究视角以空间结构、空间形态、空间格局和建筑风貌等居多，但也有学者提出了一些新的研究思路和范式。例如，刘沛林等（2010）从景观基因的角度进行传统聚落景观区的识别，以景观意象的内部相似性为前提，构建了中国传统聚落景观基因图谱；余压芳（2010）基于对保护行为和村寨景观变迁的历时性探讨，提出生态博物馆模式可持续发展的可能途径；公伟（2014）引入认知空间的概念，将景观风貌分解为风貌形态和风貌意义，探讨特色景观风貌保护与营造的途径；徐珊等（2013）从认知心理学的视角，通过古代田园类诗词、《园冶》及风水学反映出中国传统乡村景观风貌的 13 个“呈现型”和 14 个“营造型”特征；并通过文学作品、民居建筑、传统植物、非物质文化遗产总结归纳出三类北京传统乡村景观。这些研究多以理论推演为主，并未引入量化分析。

社会和经济的发展往往体现时代特征和需求，在顺应时代发展趋势的前提下，解决文化传承和生态和谐问题，是人类文明进步的标志，也是聚落可持续发展的动力所在（张祖群等，

2005；张成渝，2011）。对传统村落景观的保护与传承绝不是回到那种业已成为历史的建设模式或传统形式，而是进行“有机更新”（赵之枫，2004；吴良镛，2008）。马丽和郭温溪（2016）认为，传统村落景观风貌被破坏消失的重要原因是传统村落的物质环境无法满足现代生活、生产的需求。余压芳（2012）分析了十余年间镇山村生态博物馆中的保护行为与景观变迁的关系，发现与保护理论及措施相比，村民价值取向对村落景观形态变化的影响更为显著。因此，导致传统村落景观破坏并阻碍其可持续发展的关键原因在于村落景观更新滞后，未能及时地适应时代发展的需求，即景观生态系统服务与人类福祉之间失去了平衡。可持续发展实质上就是生态系统服务与人类福祉之间长期维系平衡并不断完善的动态过程。为了明确二者之间的关系，2005 年的千年生态系统评估计划明确提出，将“生态系统服务与人类福祉”研究作为现阶段生态学研究的核心内容和 21 世纪生态学发展的新方向，此后相关的研究不断增多（李琰等，2013），其中量化模型的构建成为寻求问题答案的关键环节和热门领域。代光烁等（2014）建立了包括收入与消费、基本物质需求、健康、安全、文化教育、良好的社会关系和自由选择权利七项指标在内的人类福祉评价指标体系，有效地评价了锡林郭勒草原地区生态系统服务与人类福祉 10 年间的动态变化情况。刘滨谊和王云才（2002）提出了乡村景观可居度、可达度、相容度、敏感度、美景度五度以人居环境为导向的乡村景观评价指标体系。张祖群等（2005）引入生态学的“适应”概念，从自然环境、人工环境和社会环境三个方面进行指标选取，在层次分析法的基础上构建了中国传统聚落景观的评价指标体系和评价方法。赵勇（2008）运用系统综合的观点和定量化的方法构建了中国历史文化名镇（名村）的评价体系和保护预警系统。梁林等（2013）将“人”与“文化”的因子引入到既有的评估方法中，用“可持续发展度”（即“聚落人居环境效益”与“聚落自然环境负荷”的比值）来反映传统聚落作为人居动态环境在未来可以持续发展的能力，是一种基于定量评价指标的综合定性指标。此类指标或指数适用于对系统状态在某一时刻或时间段的量化，虽然在采用时间序列数据时亦可刻画系统状态随时间的变化，但并不直接涉及系统的过程和机制，因此缺乏解释和预测能力。

就当前研究现状来看，一方面，学界对于传统村落景观风貌的规划和研究仍没有形成明确而统一的范式；另一方面，现在采用的研究范式要么以理论推演为主，缺乏定量评估，要么只反映静态的景观特征，均未能全面地刻画传统村落景观发展的动态过程和机制。

3. 可持续性科学的介入及其动态模型

2001 年，Kates 等人在《科学》杂志上首次提出的可持续性科学超越了传统的自然、人文与社会科学的范畴，是一门研究人类与环境动态关系的综合型科学。Wu（2013）以此作为理论基础，将景观格局引入到生态系统服务与人类福祉研究体系中，提出了“景观可持续性科学”的概念，具有跨学科和多维度特征。景观可持续性科学所寻求的是动态的目标和发展轨迹，回溯历史、现状评估和前瞻预测是其所关注的时间焦点（房学宁和赵文武，2013），研究方法则以定量评估为主。因此，景观可持续性科学有望成为推动该领域研究的新范式，但该范式在我国传统村落景观研究中的应用鲜见报道。

可持续发展动态模型是景观可持续性研究中必不可少的工具。理想的可持续发展动态模型应该同时考虑环境、社会和经济过程及其相互关系，将这些关系定量化，进而通过模拟试验或情景分析来探讨不同的管理、规划和决策方案如何影响人与环境系统的可持续性。国外学者自 21 世纪初就开始借助于计算机模拟技术，构建可持续发展的动态模拟模型，主要模拟系统过程和功能，以弥补简单的数学解析模型在这方面的不足（邬建国，2014）。例如，GAPSIM 是为研究土耳其安纳托利亚地区综合发展所导致的长期环境问题而设计的系统动力学模拟模型(Saysel et al., 2002); Threshold 21 是突出政策分析的国家尺度可持续发展的系统动力学模型（Barney, 2002）；SCENE 是具有 4 个等级层次的可持续发展概念模型框架，用于指导建立可持续性指标体系和发展环境 - 经济 - 社会耦合动态模型（Grosskurth and Rotmans, 2005; Grosskurth, 2007); 2013 年第 11 届国际生态学大会上，有学者对 16 种生态系统服务定量化和评价模型进行了研究，根据它们在评价 8 种生态系统模型 ESI 时的表现及在决策中应用的广度，判断出它们的优缺点及适宜的评价环境，为生态系统服务评估模型在决策中的应用起到了很好的推广作用（房学宁和赵文武，2013）。近年来，由美国斯坦福大学、世界自然基金会（WWF）和大自然保护协会（TNC） 联合开发的 InVEST 模型备受关注，应用广泛，其主要功能是：利用生产函数定量评估现状和未来情景下的多种生态系统服务价值，并通过“供给 - 服务 - 价值”框架将生产函数与人类福祉联系起来(Nelson et al., 2010)。Leh 等(2013)利用该模型评估了 2000 ～ 2009 年间加纳和科特迪瓦两个国家的产水量、碳储量、水质净化功能、水土保持功能和生物多样性的变化。国内近几年也开始采用该模型对不同地区和不同景观类型进行生态系统服务动态评估（潘韬等，2013；张斯屿等，2014；胡胜等，2015），取得了较好的效果。此外，CA-Markov 模型综合了 Markov 链对长时间序列的预测和 CA(cellular automata) 基于空间关系和规则动力学模拟的优点，能更加准确地从时间和空间上模拟景观类型的变化情况，许多研究表明，该模型对我国区域的景观格局和土地利用变化具有较好的动态模拟与预测能力（何丹等，2011，2014；肖明等，2012；胡雪丽，2013）。

此外，景观可持续性科学的观点认为，景观设计是为了保证景观持续性地提供景观服务、满足社会需求而有意识地改变景观格局的过程，有助于促进生态系统服务与人类福祉之间重新建立平衡（赵文武和房学宁，2014）。为此，Nassauer 和 Opdam（2008）提出将景观的格局－过程范式拓展到包含景观设计的格局－过程－设计范式。但目前能有效将景观设计纳入景观可持续性科学创建、测试和评估的方法体系尚不多见。Hernández 等（2004）利用 GIS 和计算机辅助设计等技术，以乡村规划和视觉影响为两种主要变量，建立了对乡村建筑视觉影响评估的方法。Robinson 等(2007)的 SUNtool（sustainable urban neighborhood modelling tool)就是基于计算机模拟技术，以能源需求为核心、旨在帮助设计师选择城市社区可持续发展规划设计最佳方案的动态模型，能够模拟建筑和景观格局导致城市社区资源流的动态变化，该模型已应用于捷克、芬兰、法国、希腊、瑞士和英国的一些城市社区的可持续发展规划研究。

但上述动态模型对传统村落景观尺度上的研究未见报道。由于可持续性科学强调其研究对象应具有特殊的社会、文化、生态和经济特征，并且在研究中需要明确对象的景观尺度（Schmitz and Vanderheyden，2015）。因此，在引用国外可持续发展模型的过程中，需要考虑模型的参数取值的适宜性、模型的适用范围等问题，有时还需对某些参数进行检验和修正，构建中国本土化的评估模型。

4. 研究构想

1）总体思路

解决村落景观风貌保护与其较差的时代适应性之间的矛盾，实现景观生态系统服务与人类福祉之间的平衡，是当前传统村落景观研究领域所要解决的突出问题，而确立科学的研究范式和寻求适用的动态模拟模型是解决问题的关键。海草房聚落是胶东滨海地区最主要的传统民居形态，也是世界上最具有代表性的生态民居之一，主要分布在我国胶东半岛的威海、烟台、青岛等沿海地区，其中以荣成地区最为集中。海草房传统聚落选址于胶东地区海洋与大陆交汇处，扎根于本土，是该地区最具代表性的聚落类型，特殊的自然环境条件构建了独特的景观风貌特征。在上一轮的城市化进程中，这一传统聚落景观同样遭到严重破坏，现遗存较为完整的，如东楮岛村（中国历史文化名村）和烟墩角村，二者均入选中国传统村落名录，但也存在空心化和无序化建设等问题，导致其景观整体风貌受到破坏，亟待开展保护性研究工作。

针对胶东地区海草房传统聚落景观风貌的保护与更新，引入景观可持续性科学的范式，通过构建传统村落景观可持续发展的动态模拟模型，揭示其景观过程和内在机制，并从理论上明确应该采用何种科学范式和规划策略对传统村落景观风貌进行保护与更新，才能使之在保护特色、传承文明的同时，可持续地促进村落景观系统的服务功能，以维系和改善人类福祉，在人与环境的动态关系中寻求新的最佳平衡。以历史－现状－未来为主线，结合基于计算机模拟技术的可持续发展动态模型，对传统村落景观格局－景观服务－人类福祉的过程和机制进行模拟、评估和预测，构建适用于我国传统村落景观风貌保护与有机更新的理论体系和研究框架，以期为传统村落的保护和可持续发展提供有效的途径。

2）研究内容

选取荣成市东楮岛村和烟墩角村为研究案例，以历史风貌－现状分析－未来预测与评价的历时性为线索，审视生态、社会、经济和文化等环境变化与传统村落景观风貌之间的关系，提出景观风貌保护与更新的方案；并借助于动态模拟模型，从景观格局、景观服务和人类福祉等维度，对传统村落景观现状及其方案的可持续性进行分析、评估和预测，具体研究内容如下：

（1）传统村落景观历史风貌研究

借助于历史考古学的研究方法，还原传统村落景观的历史风貌。在此基础上，一方面，基于公众（尤其是本土居民）认知的基础，通过从单一要素到系统组合特色的认知，对传统村落景观的历史风貌特色进行倾向性认知和可识别性研究，区分传统村落景观风貌中易被认知的和认知性比较差的要素，最后经意象叠合分析得出这些要素的空间分布特色。另一方面，选取2～3个关键时间节点，追踪传统村落在这些时期的景观风貌特征（物质和非物质）及其各种驱动因素（社会、经济、生态和文化等）的变化。基于遥感数据和ARCGIS等分析平台，通过预测数据与实际解译数据的对比，得到模拟精度，从而完成CA-Markov-InVEST景观综合模型的构建、检验和优化调整，建立包含景观格局、景观服务和人类福祉在内的适用于我国传统村落的景观可持续性动态模拟模型，以更好地模拟系统过程和机制，探寻主导传统村落景观风貌特征的过程以及长期以来维系传统村落可持续发展的内在机制。

（2）传统村落景观风貌特征现状评价与分析

本项研究内容从生态、社会、经济和文化等维度对传统村落开展现状调查和SWOT分析，将调查结果转化为量化指标，从总体层、系统层、状态层、变量层和要素层五个等级上，构建传统村落景观可持续性的评价指标体系，表达其可持续发展的综合能力。同时，将现状数据输入到CA-Markov-InVEST景观模型进行未来预测。通过评估和分析研究，重点回答以下几个问题：传统村落景观风貌现状是怎样的？景观服务与人类福祉存在哪些问题？产生问题的原因是什么？依照现有模式发展下去，会对传统村落景观带来怎样的后果？

（3）传统村落景观风貌保护与更新的规划设计研究

通过对传统村落景观历史风貌和现状评价分析的研究，建立传统村落景观风貌特色的控制体系，提出控制性规划方案，这是对未来规划设计提出的底线和最基本要求，目的是有针对性的引导和控制设计者的设计行为，以保护传统村落景观风貌中最具特色的核心内容。同时，针对现存问题和原因，构建其未来发展的总体定位、功能区划、发展愿景和景观意象，在充分考虑生态、社会、经济和文化等要素的基础上，尤其是引入与景观服务和人类福祉密切相关的基础设施完善和新业态等，从自然景观（山水地貌、植物景观等）、人文景观（空间格局、土地利用、建筑风貌、村落肌理、天际线等）、社会生活（基础设施、风俗习惯、生产生活、民间艺术等）和非物质文化遗产保护等方面，提出多套传统村落景观风貌保护与更新的规划策略与景观设计方案。

（4）规划设计方案的未来预测与评估

将景观设计方案转化为GIS可识别图像，并进行相关参数的量化，通过之前构建的CA-Markov-InVEST景观模型，对方案未来可实现的景观格局、景观服务和人类福祉程度进行模拟、评估和预测。通过结果分析，对方案进行筛选、优化和调整，而后再评估，再调整，最终得到一个可接纳的最佳方案。

3）研究思路

选取荣成市东楮岛村和烟墩角村为研究案例，他们均已入选中国传统村落名录，是目前胶东地区海草房保存最完整的两个村落。其中，东楮岛村于2007年被列为中国历史文化名村，因此具有典型的代表性。具体研究方案如下：

基于以上四项研究内容，将景观设计作为实验手段，梳理出景观风貌规划设计策略和景观可持续发展能力评价两条研究主线（图2-1）。二者均以历史风貌—现状评价—未来预测的时间序列为线索：

主线A规划设计策略：

（1）提出问题

通过历史风貌研究，明确景观要素的倾向性认知和可识别性程度，提出传统村落景观风貌特色保护与更新的内容和目标。

（2）分析问题

通过景观现状评价与分析，找出传统村落景观可持续发展中现存的主要问题及其原因。

（3）解决问题

在对景观风貌核心特色保护的同时，针对存在的问题，综合考虑生态、经济、社会和文化等方面，制定景观风貌保护与更新的规划设计方案，并通过模型进行预测和优化，寻找最佳策略。

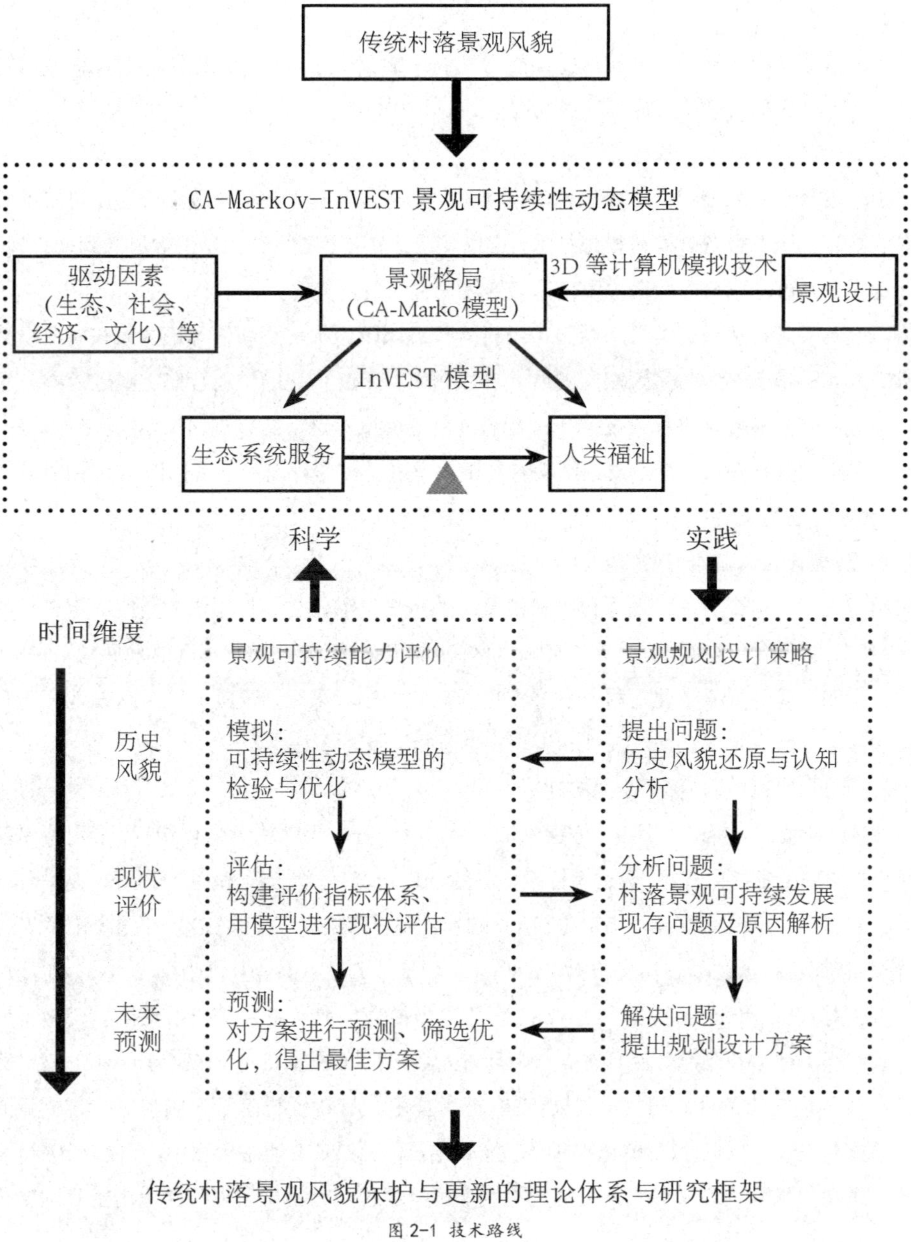

图 2-1 技术路线

主线 B 景观可持续发展能力评价：

（1）模拟

历史风貌能够在过去相当长的一段历史时期得以维系与发展，表明其可持续发展能力较强，景观服务与人类福祉处于平衡状态，通过预测数据与实际解译数据的对比，对动态模拟模型进行检验与优化。

（2）评估

传统村落景观出现衰退，现状可持续能力减弱，结合构建评价指标体系，通过综合模型进行现状评估，寻找阻碍景观可持续发展的因素、过程和机制。

（3）预测

对规划设计方案的期望是实施后村落景观生态系统服务与人类福祉达到平衡，可持续发展能力得以恢复。通过3D等计算机模拟技术，将景观设计转化为GIS可识别图像引入到动态模型，对规划设计方案进行预测，探索传统村落可持续发展的最佳策略。

将研究结果进行总结，提炼出中国传统村落景观风貌保护与更新的理论体系和研究框架。以上研究方案是基于科学与实践双向发展、良性循环、不断优化的过程。在实践过程中，根据科学理论与社会预期目标进行景观设计，并通过模型模拟对设计结果进行预期与评价，进而检验和发展科学工具和设计理念，反馈结果有利于科学理论创新以及社会目标修正。

4）研究方法与关键技术

（1）历史景观风貌研究

采用考古学的研究方法，还原传统村落景观的历史风貌，先从地层学的角度确定村落的起始年代，然后运用类型学确定其景观格局和风格等，辅助民俗、地志梳理村落的发展脉络和社会、经济、生态和文化等要素变化对村落发展布局规划的影响。采用语义差异法、认知地图法和空间记注法，进行景观要素认知倾向性和可识别性分析。

（2）可持续性评价指标体系的构建

从生态、社会、经济和文化四个方面选取指标，将调查结果转化为量化指标，采用特尔菲法和层次分析法确定各指标权重，经过指标量化与标准化处理后，结合模糊综合评价法，从总体层、系统层、状态层、变量层和要素层五个等级上，构建传统村落景观可持续性的评价指标体系。

（3）景观可持续性动态模型的构建

研究中拟将CA-Markov模型和InVEST模型进行耦合，前者主要模拟景观格局变化，后者在生态系统服务评估和预测方面具有优势，且与人类福祉联系起来，二者皆基于GIS平台技术，因此，具备了耦合的条件。同时，借助于3D模拟技术，将传统村落景观风貌保护与更新的规划设计方案转化为GIS可识别图像，纳入到CA-Markov-InVEST动态模型中，该模型融合了景观设计－景观格局－景观服务－人类福祉等景观可持续性科学框架，以构建适用于我国传统村落景观风貌研究的动态模拟模型。

5. 结语

量化模型的引入是推进传统村落景观可持续发展的科学途径，通过对模型的耦合以及评估方法的构建，为我国乡村聚落景观风貌的可持续发展探索出切实可行的科学范式。

2.4 基于可持续性设计的传统村落景观风貌传承与更新研究——以烟墩角村为例③

1. 引言

近年来，传统村落作为历史文化遗产的重要载体，受到社会各界的广泛关注。传统村落景观风貌是传统村落研究的核心内容，是传统村落的自然景观和人文景观及其所承载的村落历史文化和社会生活内涵的总和，具有明显的地域可识别性（俞孔坚等，2008）。然而，对传统村落景观的保护与传承绝不是回到那种业已成为历史的建设模式或传统形式，而是进行“有机更新”（吴良镛，2008）。传统村落景观风貌被破坏消失的重要原因是传统村落的物质环境无法满足现代生活、生产的需求（马丽和郭温溪，2016），即景观系统服务与人类福祉之间失去了平衡。景观可持续性(Landscape sustainability)是指特定景观所具有的、能够长期而稳定地提供景观服务、从而维护和改善本区域人类福祉的综合能力。为此，有必要借助于景观可持续性的科学范式来解决这一矛盾问题。

景观可持续性理念可溯源于中国古典哲学中“天人合一”的核心思想（Wu，2013），而中国传统村落的营造正是以“天人合一”思想为指导，二者同宗同源。传统村落作为人们生产生活的场所，与居民生活质量和人类福祉密切相关。随着社会的发展，传统村落在人与环境之间

③本节原载于《装饰》2017年第1期。

不断相互磨合的过程中，维系着文化的连续性，扩展着文化遗产的内涵，这种永续的发展才是传统村落作为文化遗产的本质特征。由于地域之间存在文化和自然环境的差异，景观可持续性设计要针对地域特征采取不同的策略。本研究以山东省荣成市烟墩角村为例，以传统村落景观风貌的传承与有机更新为前提，在对村落景观风貌特色和自然资源进行综合分析的基础上，从生态、经济、社会和文化四个维度探讨如何通过景观可持续性设计，提升景观服务，提高村民生活品质，最终实现村落生态、生产、生活的协调、高效发展。

2. 烟墩角村景观风貌特色与优势资源分析

烟墩角村位于山东半岛最东端的荣成市俚岛镇，村落背山面海、风景秀丽，是典型的传统小渔村。2014 年，该村落入选第三批中国传统村落名录，并入选“山东最美古村落”。现将其景观风貌特色与资源分析如下。

1）景观格局与大天鹅栖息地

烟墩角村选址于山海之间，村落东南两侧临海，东南角的崮山伸入海中，挡住了黄海，与内陆相接，在村落正南围合形成了一个“布袋”形的小海湾，村落坐落于海湾的北部和西部，造就了山环海抱的景观格局。同时，民居阻挡了冬季的西北寒风，在海湾内形成了适宜的微气候条件，水清浪柔，鱼虾资源丰富，为大天鹅提供了最为理想的越冬栖息地。每年 11 月至次年 3 月之间，数以百计的野生大天鹅来此越冬，它们追逐嬉戏，成群翱翔，凌波起舞，争相高吭，给沉寂的冬天平添了许多生机和活力。村民与大天鹅和谐相处，建立了国家级自然保护区，使得烟墩角村成为著名的“天鹅村”，山、海、人、天鹅共生，构建了“天人和谐”的村落生态景观风貌，国内外游客和摄影爱好者接踵而来，成为该地区重要的冬季观光旅游圣地。

2）建筑风貌与非物质文化遗产

烟墩角村临海而建，村落的先民们就地取材，建造了极具胶东地域特色的海草房传统民居建筑。海草房墙体采用产自本地山体或海中的厚重岩石砌成，以本海域盛产的海草晒干，结合秸秆等作为主要材料苫盖屋顶，海草防腐、防虫，屋顶侧立面呈等边三角形，有利于排水，并发挥隔热保温的功能，使得屋内冬暖夏凉。海草房屋顶正立面呈马鞍状弧形，3 ～ 5 栋为一排，相邻两栋之间接山而连。从高处俯瞰，一排排静态的屋脊轮廓曲线与海湾波动的海浪和海岸曲线遥相呼应，统一了村落中形式多样的构成要素。在色彩上，烟墩角村景观风貌以灰色为主色调，辅以植物的绿色，与周围大海的蓝色相映衬，构成了一幅质朴而优美的风景画。银灰色的屋顶、斑驳的深灰褐色墙体、土灰色的路面以及棕灰色的海滩共同构成了整个村落的主色调，既变化多样，又和谐统一。村民们在门窗上挂起了红灯笼，将红色的剪纸贴在窗户上，增加了村落的暖色调，在此基础上发展了以海洋为特色和主题的剪纸艺术，成为国家非物质文化遗产——中国剪纸的重要组成部分。海草房民居建筑因其技艺历史悠久，工序复杂，而入选山东省首批非物质文化遗产名录。但由于现有的苫匠年事已高，无法满足高空作业的需求，加之苫作工艺应用范围比较窄、海草资源匮乏等原因，这一非物质文化遗产面临着严重的消亡危机，亟待开展传承与保护工作。

3）渔业生产与海上景观资源

烟墩角村历史上就是靠海吃饭的小渔村，海产资源、渔业生产成为村民最主要的经济来源之一。近年来，村落为加快发展海上渔业，在村南的海湾入口处建立了渔港码头，海湾为船只提供了天然的避风港。港湾、渔船、海鸥以及工业气息浓厚的码头，营造了村落独特的海上生产景观风貌。此外，烟墩角村拥有被誉为“中华海上第一奇石”的花斑彩石岛，距离内陆只有50m，退潮后亦可步行上岛。花斑彩石由黄、褐、白三种颜色组合而成，石体纹理清晰，图案千变万化，造型奇特绝妙，具有很高的地质研究和美学价值，当地专门建立了花斑彩石风景区。自然景观与人文景观、现代文明与历史文化在烟墩角村相互交织，相互融合，塑造了海陆交错地带的乡村景观风貌特色。

3. 景观风貌传承与更新的可持续设计策略

烟墩角村发展过程中，形成了极具地域性特征的景观风貌类型，古朴粗犷的海草房、山海相拥的古村落、童话色彩的大天鹅、鬼斧神工的花斑石以及不断忙碌的渔港码头，如诗画般的意境，更充满着浓郁的生活气息和无限的生机。这些作为景观风貌特色的核心内容，需要加以保护和传承。同时，烟墩角村也面临着很多问题，本节基于景观可持续性设计理念，结合生态、经济、社会和文化等维度的分析，对烟墩角村景观风貌更新提出以下策略。

1）优化产业结构，打造新型旅游目的地——经济、社会可持续性

目前，烟墩角村产业结构中，渔业所占比重最大，其次是冬季天鹅湖景区带来的第三产业收益，最后是花斑石工厂和外出打工的收益。这种产业结构导致一系列生态和社会问题：一方面，渔业生产和海水养殖导致浅海海草失去了生长环境，海草房赖以维系的重要原料——海草得不到有效补充，修缮成本大幅增长，面临消亡危机；另一方面，旅游主要集中在冬季，季节性太强，人口外流现象严重。为此，本方案提出升级旅游产品，打造新型旅游目的地的总体目标，将产业结构向以第三产业为主导的方向转移，减少海水养殖对海洋生态环境的影响，促进村民返乡。具体措施包括：完善基础设施，对村落卫生设施进行整体规划，改善村落卫生面貌；将部分闲置民居改造为主题图书阅览室、幼儿园、健身房和咖啡屋等，满足村民对现代生活的渴求；在农家乐的基础上，增加公共空间、指示牌、公共厕所、旅游产品展销区等商业公共服务

设施，提升旅游服务产品质量；引导部分渔业场所和设施向遗址公园转化，目的在于唤回记忆，杜绝海水养殖对环境的负面影响，使海草重归浅海。这些措施的总体目标是，提升第三产业比重，延长其产业链，脱离季节性的限制，提高村民经济收入，在维持传统建筑景观风貌可持续性的同时，营造符合时代特征的生产和生活景观。

2）传承非物质文化遗产，塑造村落文化新风貌——文化可持续性

当地很多剪纸“非遗”传承人以村落原始景观风貌为主题，创作了大量优秀的艺术作品，具有极强的装饰性。因此，建议在村落中建立众创基地，邀请“非遗”传承人传授剪纸技艺，建成剪纸特色艺术村，不仅能够对“非遗”进行有效传承，也是对村落的宣传。此外，海草房传统居民建筑技艺作为省级非物质文化遗产，同样面临着后继无人的境地，众创基地亦可在宣传苫作工艺历史和苫匠技艺传承人方面创新方法，采用新媒体多维度展示海草房建造工序和特色，推进海草房传统民居建筑技艺的传承以及资料整理与保存工作，并为村落整体景观营造提供创意和咨询，最大限度地提升村落的文化景观风貌。

3）更新游客参与形式，维系大天鹅野生习性——生态可持续性

烟墩角村人类活动干扰对大天鹅的生活习性影响极大，尤其是游客最为常见的喂食行为，会引起大天鹅生存技巧的弱化和对恶劣环境的适应性降低，致使其种群数量减少（李安市等，2008）。据当地村民反映，越冬大天鹅的数量逐年减少，很多天鹅因喂食导致食物结构发生变化，无法累计足够的营养飞回繁殖地。为此，笔者认为烟墩角村生态景观风貌更新的重点是在保护整体景观格局的前提下，改变游客与大天鹅互动形式，禁止喂食行为，而应依托大数据时代背景，结合已有的摄影基地的有利条件，开发专用手机 APP，将摄影作为主要互动形式，游客可将摄影作品传至 APP，参与评奖，景区按天、周、月设置奖项和奖品，不仅可以提升游客参与度，极大减少人类对大天鹅习性的干扰，而且多功能的 APP 可以为游客提供定位、导游、购物等全方位的服务。在优化产业结构的前提下，渔业资源得到保护，大天鹅可获得足够的食物，在特殊的情况下，则由专门的工作人员负责进行科学投食。

4. 结语

烟墩角村景观风貌传承与更新以景观可持续性设计为指导，在传承核心景观风貌的基础上，结合时代发展特征，从经济、社会、生态、文化四个维度提出一种适用于传统村落传承、更新和发展的新模式，笔者将其总结为“旅游目的地（Tourism destination）+ 生态（Ecology）+ APP + 创客（Maker）”，即“TEAM 模式”，“team”在英语中有“团队、协同工作、合作”之意，该模式的实施也正需要跨学科的团队合作，可作为传统村落可持续发展的参考研究框架加以推广，但在具体的村落研究中，还需要依据村落的特殊性有针对性制定可持续性规划设计方案。

本章参考文献

[1] Barney G O. The Global 2000. Report to the president and the Threshold 21 Model: influences of dana meadows and system dynamics [J]. System Dynamics Review, 2002, 18: 123-136.

[2] Grosskurth J, Rotmans J. The scene model: Getting a grip on sustainable development in policy making [J]. Environment, Development and Sustainability, 2005(7): 135-151.

[3] Grosskurth J. 2007. Ambition and reality in modeling: A case study on public planning for regional sustainability [J]. Sustainability: Science, Practice, and Policy, 2002(3): 3-11.

[4] Hernández J, García L, Ayuga F. Integration Methodologies for Visual Impact Assessment of Rural Buildings by Geographic Information Systems [J]. Biosystems Engineering, 2004. 88 (2): 255-263.

[5] Kates R W, Clark W C, Corell R, et al. Environment and development: Sustainability science [J]. Science, 2001, 292: 641-642.

[6] Leh M D, Matlock M D, Cummings E C, et al. Quantifying and mapping multiple ecosystem services change in West Africa [J]. Agriculture, Ecosystem & Environment, 2013, 165: 6-18.

[7] Nassauer J I, Opdam P. Design in science: extending the landscape ecology paradigm [J]. Landscape Ecology, 2008, 23(6): 633-644.

[8] Nelson E, Sander H, Hawthorne P, et al. Projecting global land-use change and its effect on ecosystem service provision [J]. PLoS ONE, 2010, 5(12): e14327.

[9] Robinson D, Campbell N, Gaiser W, et al. SUNtool: A new modelling paradigm for simulating and optimizing urban sustainability [J]. Solar Energy, 2007, 81: 1196 -1211.

[10] Saysel AK, Barlas Y, Yenigun O. Environmental sustainability in an agricultural development project: A system dynamics approach [J]. Journal of Environmental Management, 2002, 64: 247-260.

[11] Schmitz S, Vanderheyden V. Reflexive loops on scaling issues in landscape quality assessment [J]. Land Use Policy, 2015, 53: 3-7.

[12] Wu J G. Landscape sustainability science: Ecosystem services and human well-being in changing landscapes [J]. Landscape Ecology, 2013, 28: 999-1023.

[13] 陈喆．原生态建筑——胶东海草房调研 [J]. 新建筑，2002 (6):54-55.

[14] 褚兴彪，熊兴耀，杜鹏．海草房特色民居保护规划模式探讨——以山东威海楮岛村为例[J]．建筑学报，2012(6):36-39.

[15] 代光烁，娜日苏，董孝斌，等．内蒙古草原人类福祉与生态系统服务及其动态变化——以锡林郭勒草原为例 [J]．生态学报，2014，34(9)：2422-2430.

[16] 樊海强．古村落可持续发展的“三位一体”模式探讨——以建宁县上坪村为例[J]．城市规划，2010，34(12)：93-96.

[17] 房学宁，赵文武．生态系统服务研究进展——2013 年第11 届国际生态学大会(INTECOL Congress) 会议述评 [J]．生态学报，2013，33(20)：6736-6740.

[18] 高翔，李静雅，毕艺苇．精准扶贫理念下农村低保对象的认定研究——以山东省某县为例[J]．经济问题，2016 (5)：73-79.

[19] 公伟．从“物质空间”到“认知空间”——一种小城镇特色景观风貌保护和营造的新途径[J]．美术观察，2014 (3)：124-125.

[20] 何彪，康红梅．民族地区危房改造与少数民族传统民居保护——以贵州省黎平县侗族为例[J]．贵州民族大学学报（哲学社会科学版），2013 (5)：34-40.

[21] 何丹，金凤君，周璟．基于Logistic-CA-Markov 的土地利用景观格局变化——以京津冀都市圈为例[J]．地理科学，2011，31(8)：903-910.

[22] 何丹，周璟，高伟．基于 CA-Markov 模型的滇池流域土地利用变化动态模拟研究[J]．北京大学学报(自然科学版)，2014，50(6)：1095-1105.

[23] 胡胜，曹明明，张天琪，等．基于InVEST 模型的小流域沉积物保留生态效益评估——以陕西省营盘山库区为例 [J]．资源科学，2015，37(1)：76-84.

[24] 胡雪丽，徐凌，张树深．基于CA-Markov 模型和多目标优化的大连市土地利用格局[J]．应用生态学报．2013，24(6)：1652-1660.

[25] 姜继兴．独具魅力的民居——威海海草房 [J]．中国工程咨询，2011 (12)：68-69.

[26] 李安市，李月伟，耿学磊，等．烟墩角大天鹅受到人类影响并产生适应性[J]．科技信息，2008 (22)：514-516.

[27] 李琰，李双成，高阳，等．连接多层次人类福祉的生态系统服务分类框架[J]．地理学报，2013，68 (8)：1038-1047.

[28] 梁林，张可男，陆琦．可持续发展度解构——岭南汉民系乡村聚落生命源动力的探寻[J]．南方建筑，2013(2)：24-27.
[29] 李晓峰．乡土建筑——跨学科研究理论与方法[M]．北京：中国建筑工业出版社，2005.

3

艺术
——民俗文化，生态传承

民俗艺术作为传承性的下层文化和传统艺术，具有时贯古今、地接南北、人系各族的显著特征，并成为民俗生活的表达、民族精神的象征、艺术创造的沃土和文化资源的宝库。本篇用镜头记录自然景象、聚落民俗、现代景观，以静态的手法展现动态的艺术轨迹，助力中华民族优秀文化遗产的传承、发展与传播。

3.1 自然

海天一线

泰山云海

海湾

紫气东来

海上日出

依存|往

晚霞

欲飞

家·守护

3.2 聚落

家园

悦伴儿

凝

望

悟

徽派木雕

渔村之一　黎明

渔村之二 出海

渔村之三 晚归

逐 守

光荣人

过往

韵

3.3 园林

树映天空

狮林叠水

狮子林　眺

谐趣

3.4 蜕变

归

余晖

冬日·木屋·树——伏尔加庄园

傲雪

前路

辰山植物园

中国美术学院象山校区

珠帘

后记

本书是从我近十余年来发表在期刊和学术会议论文集的文章中筛选出来的，也是我对自己学术成果的阶段性总结。从森林碳汇到低碳城市，再到乡村聚落可持续规划的学术研究历程中，我越来越深刻地体会到跨界合作与学科交叉特征在风景园林学科发展中的重要地位。庆幸于自己求学过程中的多学科经历，让我在学术道路上不断探索未知领域，更感恩我的博士生导师中国科学院冯宗炜院士和汪思龙研究员、博士后合作导师山东大学李克教授在我求学过程中给予的孜孜不倦的指导。同时，也发现自己存在的不足和缺陷，还应在动态、发展的学术研究和学科理论中不断重塑自我，调整并优化学术价值取向和思维模式。

本书的出版承蒙山东大学张琳仙教授、天津凤凰空间文化传媒有限公司杨琦编辑的提议和鼓励，在此致以由衷的感谢。同时，还要感谢天津凤凰空间文化传媒有限公司的领导和编辑们对本书出版给予的关心、支持和帮助以及所付出的辛勤努力。感谢中国博士后科学基金会、山东省自然科学基金委员会、山东省本科高校教学改革研究面上项目、山东大学（威海）青年学者未来计划和山东大学（威海）教学研究与教学改革项目对本书的资助。

我要特别感谢我的父母、妻子和儿子张昱轩小朋友，是你们对我的关爱，使我有了前行的动力，使我能够专心从事研究工作，顺利完成书稿的撰写。

鉴于自身有限的学术境界，我还要不断探索和提高研究视野，在此特别期待业界同行及广大读者对本书提出批评和指导意见。

张　剑

2017年4月于山东大学威海校区